# 海の衛星リモートセンシング入門

笹川平和財団 海洋政策研究所　編

作野 裕司・斎藤 克弥・石坂 丞二・虎谷 充浩・比嘉 紘士・

向井田 明・朱 夢瑶・吉武 宣之・田中広太郎　執筆

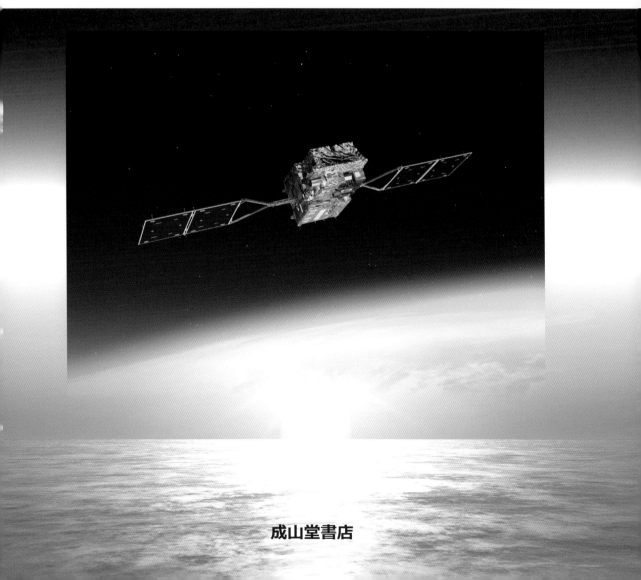

成山堂書店

# ■ま え が き■

　近年、海洋温暖化の進行、激甚災害の増加、海洋汚染の拡大、水産資源の枯渇、生物多様性の減少など、海洋環境に関する課題が山積しています。これらの課題解決の第一歩は、観測すべき対象の直接的な可視化を行うことです。

　地球表面の約7割を占める海洋の可視化は観測船やブイなどによる方法では限界があり、広域を面的に測定できるリモートセンシング技術が古くから利用されてきました。日本において開発された最近の衛星だけをとっても、GCOM（Global Change Observation Mission）のGCOM-W（Water）やGCOM-C（Climate）に代表される水循環、海象、海色、氷雪などを観測できる優れたセンサーが次々と打ち上げられています。

　ただし、このような海洋観測に特化した衛星プラットフォームやセンサーの現状および問題点は、意外と知られていません。実際、海洋リモートセンシング衛星やその精度、あるいは活用法を網羅的に説明したウェブサイトですら見つからないのが現状でした。

　さらに、このような衛星プラットフォームやセンサーの存在および特性を理解したとしても、海洋を理解し課題を解決するための使いやすい衛星データが整備されているわけではありません。そこで、長期にわたる変化を明らかにするために、複数の種類の衛星データを組み合わせた新たなデータセットやデータベース、ソフトウェアの現状についてまとめ、将来的に日本として独自に利用しやすいデータセットやデータベースも開発していく必要があります。

　このような背景のもと、2020年度と2021年度に笹川平和財団は、日本リモートセンシング学会に対して、「人工衛星を利用した海洋の可視化の推進に向けた調査」および「人工衛星を利用した海洋データ活用のための事例整理と提言に向けた調査」を委託しました。これらの成果は、すでに同財団のホームページ[1-2]やダイジェスト版は、日本リモートセンシング学会誌[3-4]で公開されており、リモートセンシングを学ぶ大学生を中心に好評を得たと聞いています。

　本書は、これらの報告書に基づいて海洋の課題を軸にその可視化に資するリモートセンシング技術をわかりやすく解説しています。将来海洋のリモートセンシングを担

う大学生や、海洋に関する行政業務を担う担当者や研究者などにむけて、海洋のリモートセンシングの現状と将来像について伝えることを目的としました。本書が、海洋リモートセンシングという技術を用いて海の課題を解決する人材の育成に少しでも役立てば幸いです。

2024 年 2 月

編者代表

笹川平和財団 海洋政策研究所

海洋政策研究部 部長　赤松 友成

[1] 日本リモートセンシング学会：人工衛星を利用した海洋の可視化の推進に向けた調査報告書，海洋デジタル社会の構築事業 資料 2021-2，2021．https://www.spf.org/global-data/opri/visual/rep02_vis_satellite.pdf

[2] 日本リモートセンシング学会：人工衛星を利用した海洋データ活用のための事例整理と提言に向けた調査報告書，海洋デジタル社会の構築事業 資料 2022-2，2022．
https://www.spf.org/global-data/opri/visual/rep02_wvis_search.pdf

[3] 作野裕司，斎藤克弥，石坂丞二，虎谷充浩，比嘉紘士，向井田明，堀雅裕，富田 裕之：海洋可視化のための衛星センサの現状と将来展望．日本リモートセンシング学会誌，41(2)，2021，181-188．

[4] 作野裕司，斎藤克弥，石坂丞二，虎谷充浩，比嘉紘士，向井田明，照井健志，寺内元基，齊藤誠一：人工衛星を利用した海洋データ活用のための事例整理と提言に向けた調査．日本リモートセンシング学会誌，42(2), 2022，135-142．

# ■目　　次■

【執筆担当】

序　章　作野

第 1 章　1-1：虎谷、1-2：石坂・比嘉、1-3：向井田、1-4：作野

第 2 章　斎藤

第 3 章　3-1・3-2：向井田、3-3：石坂

第 4 章　4-1：作野、4-2：比嘉、4-3：向井田、4-4：作野

第 5 章　5-1：作野、5-2：作野・虎谷・石坂・斎藤・比嘉・向井田、5-3：作野

第 6 章　6-1：朱・田中、6-2：吉武、6-3：朱・吉武・田中

第 7 章　7-1：石坂・斎藤、7-2：石坂、7-3・7-4：向井田、コラム①：作野

第 8 章　8-1：石坂・虎谷・斎藤、8-2：斎藤、8-3：比嘉、8-4：石坂、コラム②：作野

第 9 章　9-1：比嘉、9-2：虎谷、9-3：作野、9-4：虎谷、9-5：作野・比嘉

終　章　作野

# ■略 称 一 覧■

本文中に使用されている、欧文の略称と正式名称は、以下のとおりです。

| 略　　称 | 正式名称 |
|---|---|
| AERONET | Aerosol Robotic Network |
| AIS | Automatic Identification System |
| ALOS | Advanced Land Observing Satellite |
| AMeDAS | Automated Meteorological Data Acquisition System |
| AMSR | Advanced Microwave Scanning Radiometer |
| ARGO | Global Array |
| ASCAT | Advanced SCATterometer |
| ASF | Alaska Satellite Facility |
| ASTER | Advanced Spaceborne Thermal Emission and Reflection Radiometer |
| A-Train | Afternoon Train |
| AVHRR | Advanced Very High Resolution Radiometer |
| AVNIR | Advanced Visible and Near Infrared Radiometer |
| AVISO | Archiving, Validation and Interpretation of Satellite Oceanographic data |
| AWS | Amazon Web Services |
| CDOM | Colored Dissolved Orgic Matter |
| COMS | Comminication, Ocean and Meteological Satellite |
| CONSEO | Consortium for Satellite Earth Observation |
| COP | Conference of the Parties |
| C-SIGMA | Collaboration in Space for International Global Maritime Awareness |
| CYGNSS | Cyclone Global Navigation Satellite System |
| CZCS | Coastal Zone Color Scanner |
| DAAC | Distributed Active Archive Center |
| DEM | Digital Elevation Model |
| DMSP | Defense Meteorological Satellite Program |
| DSM | Digital Surface Model |
| EADAS | Environmental Impact Assessment DAtabase System |
| EEZ | Exclusive Economic Zone |
| EMSA | European Maritime Safety Agency |
| EORC | Earth Observation Research Center |
| ESA | European Space Agency |
| ESDIS | Earth Science Data and Information System |
| EUMETSAT | European Organization for the Exploitation of Meteorological Satellites |

| 略　　称 | 正式名称 |
|---|---|
| FAO | Food and Agriculture Organization of the United Nations |
| GCOM-C | Global Change Observation Mission-Climate |
| GCOM-W | Global Change Observation Mission-Water |
| GEO | Group on Earth Obrvations |
| GEOSS | Global Earth Observation System of Systems |
| GFW | Global Fishing Watch |
| GIS | Geographycal Information System |
| GMES | Global Monitoring for Environment and Security |
| GNSS | Global Navigation Satellite System |
| GOCI | Geostationary Ocean Color Image |
| GOES | Geostationary Operational Environmental Satellites |
| GEE | Google Earth Engine |
| GOOS | Global Ocean Observing System |
| G-Portal | Global Portal System |
| GSMaP | Global Satellite Mapping of Precipitation |
| HAB | Harmful Algal Bloom |
| HICO | Hyperspectral Imager for the Coastal Ocean |
| ICT | Information and Communication Technology |
| IUU | Illegal, Unreported and Unregulated |
| IOOS | Integrated Ocean Observing System |
| IPCC | Intergovernmental Panel on Climate Change |
| ISS | International Space Station |
| JASMES | JAXA Satellite Monitoring for Environmental Studies |
| JAXA | Japan Aerospace Exploration Agency |
| JCOMMOPS | Joint Technical Commission for Oceanography and Marine Meteorology in situ Observations Programme Support centre |
| KEO | Kuroshio Extension Observatory |
| KOMPSAT | Korean Multi-Purpose Satellite |
| MDA | Maritime Domain Awareness |
| MERIS | Medium Resolution Imaging Spectrometer |
| MeTop | Meteorological Operational Satellite Program of Europe |
| MODIS | MODerate resolution Imaging Spectroradiometer |
| MOS | Marine Observation Satellite |
| MSI | MultiSpectral Instrument |
| MSY | Maxmum Sustainable Yield |
| NASA | National Aeronautics and Space Administration |
| NDVI | Normalized Difference Vegetation Index |
| NICT | National Institute of Information and Communications Technology |
| NMDAP | National Maritime Domain Awareness Plan |
| NMIO | National Maritime Intelligence-Integration Office |

| 略　　称 | 正式名称 |
|---|---|
| NOAA | National Oceanic and Atmospheric Administration |
| NOMAD | NASA bio-Optical Marine Algorithm Dataset |
| NSIDC | National Snow and Ice Data Center |
| NSMS | National Strategy for Maritime Security |
| NSPD | National Security Policy Directive |
| OCM | Ocean Colour Monitor |
| OCTS | Ocean Color and Temperature Scanner. |
| OLCI | Ocean and Land Color Imager |
| OLI | Operational Land Imager |
| OSMI | Ocean Scanning Multispectral Imager |
| PALSAR | Phased Array L-band Synthetic Aperture Radar |
| PO.DAAC | Physical Oceanography Distributed Active Archive Center |
| SAR | Synthetic Aperture Radar |
| SDG s | Sustainable Development Goals |
| SeaBASS | SeaWiFS Bio-optical Archive and Storage System |
| SeaDAS | SeaWiFS Data Analysis System |
| SeaWiFS | Sea-viewing Wide Field-of-view Sensor |
| SGLI | Second generation GLobal Imager |
| SIRAL | SAR Interferometric Radar Altimeter |
| SMAP | Soil Moisture Active Passive |
| SMOS | Soil Moisture and Ocean Salinity |
| SNAP | Sentinel Applications Platform |
| SSMIS | Special Sensor Microwave Imager/Sounder |
| SRAL | Satellite with ARgos and ALtiKa |
| SSM/I | Special Sensor Microwave/Imager |
| Suomi NPP | Suomi National Polar-orbiting Partnership |
| TM | Thematic Mapper |
| TIROS | Television Infrared Observation Satellite |
| UNCED | UN Conference on Environment and Development |
| UNEP | United Nations Environment Programme |
| VIIRS | Visible Infrared Imaging Radiometer Suite |

# 衛星リモートセンシングの概要

序　章

　海の面積は地球全体の約7割を占めることを知っている人は多いでしょう。しかし、海の現象や、いま問題となっている海のさまざまな課題などについて詳しく説明できる人は多くないかもしれません。海の現象やその課題を知るためには、海の調査や観測が重要になってきますが、その観測には「衛星」が活躍しています。この技術が、「海の衛星リモートセンシング」です。まずは、序章でその概要と衛星観測に関係する海の課題と観測上の問題点について簡単に紹介し、次章以降で詳しく説明していきます。

## 1　リモートセンシングとは

　「海の衛星リモートセンシング」の話をする前に、そもそも「リモートセンシング」という言葉がわからないという人もいるのではないでしょうか。「リモートセンシング」は英語で「Remote Sensing」と書きますが（この本では RS と略します）、これは「遠くから手を触れずにセンサーなどを使って対象物を観測する」という意味です。したがって、センサーを積んでいれば衛星だけでなく、飛行機、ドローンなどからの観測もすべて RS といえます。

　一般に衛星リモートセンシング（衛星 RS）の利点は、「広域性、同時性、反復性」といわれます。広大な海の情報をすべて船から調査することはほぼ不可能です。そこで実際には、次頁の図 0-1 に示すように調査船やブイなどによる複合的な海の調査が行われますが、これだけでは本来の環境を正確に捉えることが難しいという問題がありました。一方、衛星では広域の植物プランクトン分布をはじめ、水温分布、海面高度、海上風速などを瞬時に捉えることができるため、いまや海洋観測にとってはなくてはならないツールとなっています。

　現在、衛星によって得られる海の情報は、「水温」「海色」「塩分」「海上風」「海面高度」など多岐にわたります。また、これらの衛星海洋情報は、解像度にこだわらなければ、どれもほぼ無料で得ることができます。しかし、多くの人が最も知りたいのは、海洋

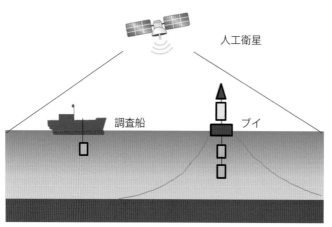

人工衛星

調査船　　　　　ブイ

図 0-1　さまざまな形態の海洋環境調査のイメージ（左図　筆者作成、右図　出典：JAXA/JAMSTEC）

の観測データではなく、これらの海洋情報が私たちの生活や環境にとって、どのように役立つかということでしょう。

## 2　衛星データ利用が期待される海の分野と課題カテゴリー

　海洋において衛星の利用が期待される分野は主に、「1 環境」「2 水産」「3 資源・エネルギー」「4 災害・国土管理」の 4 つに分けられます。そのなかで、それぞれの分野の代表的なテーマや解決すべき課題、カテゴリーとして、たとえば、海洋温暖化や水産資源管理の拡充・強化、海洋油汚染や風水害等があります（表 0-1 参照）。

　ここで挙げた、海の分野と課題カテゴリーは、それぞれ重要なテーマです。海の衛星 RS は、これら課題の解決のため、また、これからの海洋観測・調査に欠かせない大事なツールです。次章から、この解決すべき海の課題カテゴリーについて、分野ごとに解説していきます。

　なお、このような海洋観測・調査は、近年、「海洋状況把握」（MDA：Maritime Domain Awareness）として、日本でも「国家的な取組み」となりつつあります。首相官邸・総合海洋政策本部の資料 [1] によりますと、「MDA とは、関係政府機関の連携を強化し、国の防衛、安全、経済、環境に影響を与える可能性のある海洋に関する事象を効果的に把握する取組」のことをいいます。

　このような取組みは、2001 年の米国同時多発テロ事件を契機に米国、欧州で先行して取り組まれましたが、日本でも近年、「外国漁船による違法操業」や「津波に代

地球表面積の約 7 割を占める海
「衛星 RS」は、さまざまな海の現象を調べ解き明かす手段となる。

表されるような大規模な自然災害や海洋汚染」など「顕在化する海洋における脅威への対応」や、「海洋環境の保全と調和した海洋の開発・利用の促進」という機運が高まっています。

　国際的な政治舞台でも首相や外相が「自由で開かれた平和な海洋」というキーワードを述べて、海洋に関する議論の重要性を語っているのを、テレビや新聞で見聞きしたことのある人も多いことでしょう。

表 0-1　衛星データ利用が期待される海の分野と課題カテゴリー

| 分　　野 | 課題カテゴリー |
|---|---|
| 1　環　　　境 | （1）海洋温暖化<br>（2）富栄養化（赤潮、青潮）<br>（3）生物多様性の保全<br>（4）海洋プラスチック |
| 2　水　　　産 | （1）水産資源管理の拡充・強化<br>（2）IUU（Illegal, Unreported and Unregulated）漁業<br>（3）養殖業・沿岸漁業 |
| 3　資源・エネルギー | （1）海洋油汚染<br>（2）自然エネルギー<br>（3）海洋エネルギー資源開発に関する環境アセスメント |
| 4　災害・国土管理 | （1）風水害<br>（2）海岸侵食<br>（3）津波・高潮<br>（4）海底火山活動 |

この本では、そのような政治的な取組みとはひとまず切り離して、「衛星 RS という海洋全体の状況を概略的に知る技術やそのデータを通じて、海洋を身近に感じてもらう」ことを主眼としていますので、次章からの内容をまずは気楽に読み進めていただければと思います。そのうえで、この本を読まれた後、いまの日本において「不足している海洋観測項目は何か」、また「将来、日本が優先して打ち上げるべき海洋衛星とはどんなものか」について、一緒に考えていきましょう。

## 【参考文献】

［1］首相官邸，総合海洋政策本部，我が国の海洋状況把握の能力強化に向けた取組，2016，
　　https://www8.cao.go.jp/ocean/policies/mda/pdf/h28_mda_summary.pdf，（Accessed 2023.9.25）

# 海の衛星リモートセンシングと環境

本章では、序章の表 0-1 で挙げた「衛星データ利用が期待される海の分野と課題カテゴリー」のなかの「1 環境」について説明していきます。ただし、海の環境といっても範囲が広すぎますので、どの視点から考えてよいのか見当がつかない人がいるかもしれません。ここでは海の環境問題を取り扱う場合、いま最も海洋衛星リモートセンシング（RS）の利用や、利用のための研究が盛んな「海洋温暖化」「富栄養化」「生物多様性の保全」「海洋プラスチック」について取り上げました。

温暖化の影響を顕著に受ける氷河
海面水温の調査にも衛星 RS は欠かせない。

海における地球温暖化の影響は、海水温の上昇、海面高度の上昇、海氷面積の減少などとして現れます。このような地球規模の変動をモニタリングするうえで、衛星RS は必須のツールです。ここでは、特に衛星からの観測が有効な「海面水温」「海面高度」「海氷面積」に関して、それぞれ簡単に説明します。

## （1）海面水温

人類が放出する二酸化炭素（$CO_2$）による温室効果の影響によって気温の上昇が続いています。これに伴って海水温の上昇が引き起こされています。最近の「気候変動に関する政府間パネル」（IPCC）などの報告によれば、海表面の温度は、1850 年〜 1900 年平均と 2011 年〜 2020 年平均との間に 0.88℃上昇し、そのうち 0.60℃は 1980 年以降に上昇したと推測され

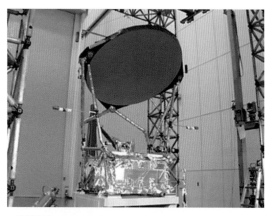

図 1-1 マイクロ波放射計 AMSR-E（出典：JAXA）

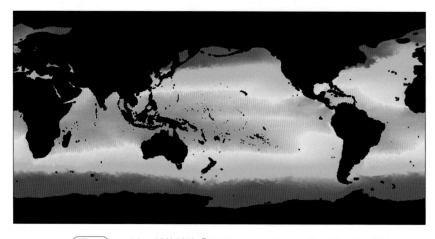

図 1-2 マイクロ波放射計「AMSR2」による 2023 年 1 月の月平均海面水温

ています。

　最近は熱波と呼ばれる局所的、一時的に海面水温が高い現象も頻繁に観測されています。このような海面水温の上昇は、海流などの変化によって、長期間にわたって気候に影響を及ぼすことが懸念されているほか、漁業生産を含め、海洋生態系へも深刻な影響をあたえ始めていると考えられます。

　海面水温の衛星観測には、衛星に搭載された熱赤外放射計やマイクロ波放射計（図1-1）が活用されています。図1-2は、マイクロ波放射計「AMSR2」による2023年1月の月平均海面水温の例です。衛星の空間解像度（衛星が観測できる最小限の大きさ）は、熱赤外放射計が数十m〜1km程度と細かいのに対して、マイクロ波放射計は10km〜数十kmほどと粗くなっています。一方、熱赤外放射計では雲の下は見えませんが、マイクロ波放射計では雲の下のデータも取得することができます。


## (2) 海面高度

　海面水温同様、地球温暖化による海面水位の上昇が懸念されています。『海洋・雪氷圏特別報告書』[1] によれば、現在までの海面上昇は、氷河の融解によるものが4分の1、残り4分の3は海面水温の上昇による海水の膨張が原因とされています。

　世界平均海面水位の平均上昇率は3.2mm（1993年〜2010年）であり、これは1901年〜1992年の1.7mmと比較して2倍近くとなっています。海面水位の上昇は、海岸侵食、高潮・高波・異常潮位などによる沿岸災害の激化、沿岸湿地喪失などによる生態系への被害をまねくことが予測されています。

　このような海面高度の衛星観測には、主にマイクロ波高度計が活用されています。海面高度の衛星観測は、計測誤差が2cm〜3cmとかなり小さいのですが、空間解像度は100kmメッシュ程度と粗く、衛星軌道直下のみの観測となるため基本的に面的な観測は難しいという欠点がありました。しかし近年では、技術の進歩で解像度が高くなってきています。図1-3は、地球全体の海面の高さの平均値の30年の変化ですが、100mm以上上昇しています。また、海面高度のデータは地球全体の水位上昇だけではなく、局所的にも利用されます。大気の気圧の分布と風に関連があるように、局所的な海面高度の違いは、海流の方向や強さを表すことが知られています。そのため、海面高度のデータは海流の数値モデル計算にも利用され、海洋環境の予測などに役立っています。

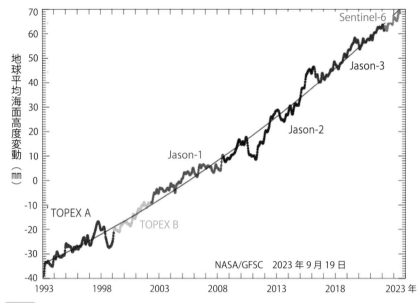

図 1-3　海面高度計によって測定された 1993 年から 2023 年の地球平均海面高度の増加
地球観測衛星 TOPEX-A、TOPEX-B, Jason-1、Jason-2、Jason-3、Sentinel-6 により観測
（出典：https://podaac.jpl.nasa.gov/NASA-SSH）

## （3）海氷面積

　地球温暖化により、極域の海氷面積は減少の一途をたどっています。最近の IPCC
の報告によると、2010 年〜 2019 年の 10 年間平均で、北極海の海氷面積は 8 月から
10 月までの月平均で約 200 万 km²（約 25 ％）減少しました[2]。海氷面積は温暖化の
指標のひとつであるとともに北極圏航路の可能性を調べるうえで重要です。このよう
な海氷面積の衛星観測には可視放射計やマイクロ波放射計が使われています。

　図 1-4 は、1980 年代から最近までの北極海での海氷面積の季節変化を表したもの
です。2012 年、2007 年、2016 年をはじめ、2000 年以降の海氷が減少したことが明
らかです。

　現状のマイクロ波放射計は、可視放射計よりも解像度が低くなりますが、雲の下で
も観測が可能である利点があります。また、最近は海氷の面積だけではなく、厚さを
測定するセンサーも打ち上げられています。

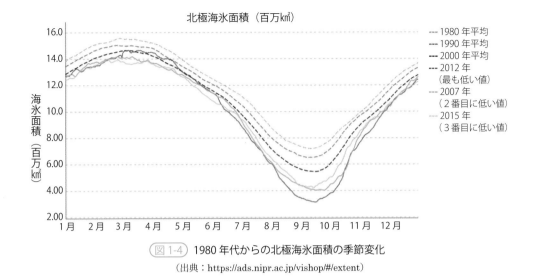

北極海氷面積（百万㎢）

凡例：
--- 1980 年平均
--- 1990 年平均
--- 2000 年平均
--- 2012 年
　　（最も低い値）
--- 2007 年
　　（2 番目に低い値）
--- 2015 年
　　（3 番目に低い値）

縦軸：海氷面積（百万㎢）
16.0 / 14.0 / 12.0 / 10.0 / 8.00 / 6.00 / 4.00 / 2.00

横軸：1 月 2 月 3 月 4 月 5 月 6 月 7 月 8 月 9 月 10 月 11 月 12 月

図 1-4　1980 年代からの北極海氷面積の季節変化

（出典：https://ads.nipr.ac.jp/vishop/#/extent）

## 1-2　富栄養化

　日本をはじめ多くの世界の沿岸域では、人間活動が盛んになることによって、生活排水や産業排水が増加することで陸上からの有機物や栄養塩の流入が増え、「富栄養化」していると考えられています。富栄養化によって植物プランクトンの増殖に必要な栄養塩類が増加すると、植物プランクトンの量が増加することが知られています。植物プランクトンが光合成によって無機物である二酸化炭素（$CO_2$）から有機物を作り出す有機物生産（基礎生産）が増加することは、魚が増えたり、$CO_2$ の吸収が増加したりする良い面もあると考えられます。

　しかし、植物プランクトンが過剰に増加することによって、後に述べる「赤潮」を発生させたり、沈降した有機物が海底近くで分解することによって溶存酸素量が減少して貧酸素水塊となり、さらに「青潮」を引き起こしたりすることがあります。これらの現象によって、一般的には人為的な富栄養化は、魚介類が死ぬなど、人間社会にも悪影響を及ぼすと考えられています。

　富栄養化により植物プランクトンが増加することによって、RS で海の色を測定することで推測可能な植物プランクトンの光合成色素である「クロロフィル a」が増加することが知られています。そこで20年以上のデータが蓄積されている海色RSデータを用いて、富栄養化を把握する試みが行われています。

国連環境計画（UNEP）の北西太平洋地域海行動計画（NOWPAP）では、図1-5に示すように日本・中国・韓国・ロシアの周辺海域において、約20年分のクロロフィルa濃度の高低および増加・減少・変化が少ない海域を6海域に分けることによって、富栄養化の予備評価を行い、政府あるいは自治体レベルの対策に生かす取組みが行われています[3]。さらに、この手法によって地球全体のモニタリングを行うサイト「Global Eutrophication Watch」が開発されています。[3-4]

　富栄養化は沿岸海域で広く起こっていますが、沿岸域では砂泥の巻き上げや粘土などの鉱物など、植物プランクトン以外の物質が海の色に影響を与えている可能性が高く、さらに、大気分子や大気中の粒子（エアロゾル）の散乱や吸収の影響を除く大気補正も誤差を大きくしています。そのためにクロロフィルa濃度の精度も低くなります。今後の衛星センサーの精度向上は必須であり、また富栄養化などの長期モニタリングのためには、数年、数十年にわたって複数の衛星センサーを連続的に繋いでいく必要があり、複数のセンサー間での相互校正もしっかりと行われる必要があります。

　富栄養化は世界中の沿岸域で進行して問題となっています。一方で、最近日本の沿岸域では、規制によって流入する有機物や栄養塩類の削減が進んで、「貧栄養化」しているともいわれています。さらにこの貧栄養化によって、逆に魚介類の生産が減少している可能性も指摘されています。また、もともと栄養塩が少なく基礎生産の低い外洋域において、表層が温かくなって、表面と深い層の水の交換（上下混合）が停滞して下層に存在している栄養塩の表層への供給が減少し、貧栄養化が進行している可能性も指摘されています。これらの環境の変化による基礎生産の変化とその生態系への影響を調べるために、衛星で取得される海表面水温、光合成に利用される光の量などと合わせて、基礎生産を算出する試み[6]や、さまざまな種類から構成される植物プランクトンの群集構造を把握する試み[7]も行われており、それらの長期変化を把握することも可能になりつつあります。

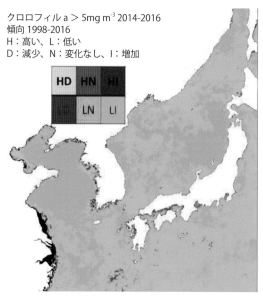

クロロフィルa ＞ 5mg m⁻³ 2014-2016
傾向 1998-2016
H：高い、L：低い
D：減少、N：変化なし、I：増加

図1-5　NOWPAPによるクロロフィルa濃度を用いた富栄養化の予備評価（[5]を改変）

ここからは、「富栄養化」問題に関して、特に衛星からの観測が有効な「赤潮」と「青潮」についてそれぞれ簡単に説明します。

## (1) 赤　潮

　「赤潮」は、図1-6に示すように植物あるいは微小動物プランクトンが海水中で大量発生し、海水が赤く着色する現象です。赤潮は自然にも起こることが知られていますが、人間活動の盛んな沿岸域で多く起こる赤潮は、富栄養化によって起きていると考えられています。赤潮が起こることによって、養殖場の魚が斃死したり、ノリ養殖に必要な栄養塩が消費されてノリが変色したりするなど、水産業に被害をおよぼすことも多く、「有害藻類ブルーム」（HAB: Harmful Algal Bloom）とよばれることもあります。

　しかし、厳密には赤潮のすべてが有害藻類ブルームではなく、有害藻類ブルームのすべてが赤潮を形成するわけでもありません。有害藻類ブルームは特定の種類の生物群集によって起こる場合が多く、また、その海域でどのような水産業が営まれるかによっても被害状況は異なるため、同じ生物群集でも有害となる場合とならない場合があります。現在でも九州や瀬戸内海などでは頻繁に赤潮による養殖業の被害が起きており、養殖場に影響しないうちに赤潮を予測できれば、餌を減らしたり、養殖場を移動したりするなどの対処が可能であるため、RSによる赤潮の観測情報も期待されています。

　RSによって赤潮を調べる試みは、「Landsat」などの可視域のセンサーでは古くから行われてきました[8]。しかしLandsatは観測頻度が少なく、また波長解像度も充分でないために、正確に赤潮の挙動を把握することは困難でした。

　植物プランクトンの観測を目的に設計された衛星海色センサー「MODIS」が、ほぼ毎日1kmの解像度でクロロフィルa濃度を測定するようになって、図1-7に示すように、赤潮をクロロフィルa濃度の高い海域として観測できるようになりました[9]。さらに海色の分光特性を利用することによって、赤潮海域を特定する研究も行

図 1-6　赤潮の様子

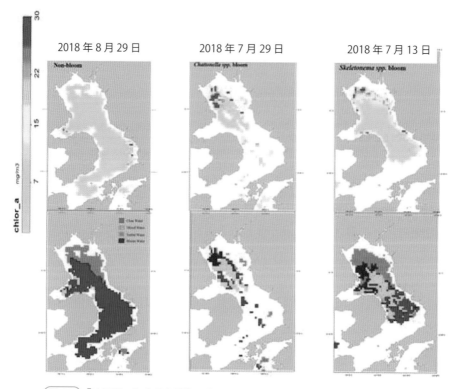

図 1-7 「MODIS」による有明海のクロロフィルa濃度（上）と赤潮海域（下）

（下）の赤茶色の海域が赤潮、青はきれいな海域、オレンジ色は濁った海域、緑は赤潮ほど植物プランクトンの多くない海域。2018年8月29日（左）には赤潮は発生しておらず、7月29日（中）はラフィド藻類 *Chattonella spp.* 、7月13日（右）は珪藻 *Skeletonema spp.* の赤潮が発生していた。（[11] を改変）

われています。赤潮はその形成する生物群集が重要であるため、最近では特定の海域の特定の赤潮に関して判別する試みが多く行われています[10-11]。

前述したように、現状の RS でも赤潮検出の試みは行われていますが、特に生物群集の判別に関しては課題が多くあります。図 1-8 に示す日本の気候変動観測衛星「しきさい」では、250m の空間解像度で測定が可能ですが、さらに小さな空間スケールの情報が望ましいところです。

一方で、可視域の RS を利用してい

図 1-8 気候変動観測衛星「しきさい」
（出典：JAXA）

るために、雲があることによって観測ができない場合が多く、静止衛星などで観測頻度を増やすことも期待されます。さらに、現在の RS では可視域の波長数が限られるために、生物群集を分けることが難しいことも考えられます。今後、波長解像度の高いハイパースペクトルの衛星センサーが期待されます。

　衛星で観測する限り表層よりも深い場所で増殖し、養殖被害を与える生物群集の種類の検出は困難です。また、衛星データだけを利用する限りは、ある場所での赤潮の発生予測を行うことも困難です。したがって、今後は沿岸域の流れと生物の増加・減少を予測する数値モデル等と組み合わせるなど、予測技術の向上も期待されます。

## （2）青　　潮

　富栄養化が著しい閉鎖的な水域では、過剰に増加した有機物が海底に沈降し、有機物の分解過程において酸素が消費されるため、底層ではたびたび無酸素状態になります。無酸素下では、海底に蓄積された有機物が嫌気性の微生物によって分解され、その過程で硫化水素が生成されます。硫化水素は無酸素水塊中に溶出し、底層に蓄積されますが、風などの外力により底層水が湧昇すると、湧昇過程で硫化水素は溶存酸素と反応し、硫黄が生成されます。

　硫黄は、直径 $10^{-9}$m ～ $10^{-7}$m 程度のコロイド粒子であり、表層に拡がると太陽光を散乱するため、図 1-9 に示すように、海色は青白く変色したように見えます。これが「青潮」と呼ばれている現象です。硫黄を含む青潮水は、溶存酸素が著しく低く、浅場や漁場に侵入し生物がさらされるとダメージを与えます。また、青潮が大規模な場合には、漁業被害に繋がることがあり、重大な環境問題として認識されています。

　青潮の RS では、青潮特有の水面の濁りを可視や近赤外波長での輝度値の相違で捉える手法が用いられています。はじめは「Landsat TM」（Thematic Mapper）画像を使用し、可視および近赤外波長の輝度値が青潮発生箇所と青潮が発生していない河口や湾奥と比較して高めになることを利用し、「教師あり分類」と呼ばれるあらかじめ画像に正解を与える分類法によって青潮を検出する手法が提案されました[12]。

図 1-9　2015 年 8 月 24 日に発生した青潮

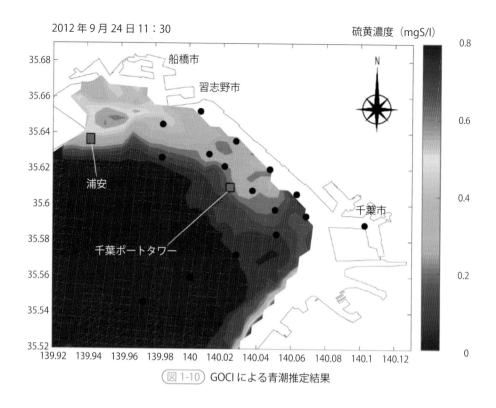

2012 年 9 月 24 日 11：30

硫黄濃度（mgS/l）

図 1-10　GOCI による青潮推定結果

その後、現地での青潮の分光特性が把握され、また 2010 年韓国によって打ち上げられた静止海色衛星センサー「GOCI」が青潮分布を捉えた画像を多く取得することが可能となったため、このような現地および衛星の光学データを使用し、青潮検出のアルゴリズムが開発されることになりました[13-15]。GOCI を使用する利点は、500m 解像度の画像を日中 1 時間に 1 枚取得するため、短期スケールで変化する青潮の空間分布を連続的に把握することが可能なことです。

現状の青潮検出法としては、青潮による濁りを散乱光として 660nm の赤色のバンドで捉え、この散乱光と青潮のもとである硫黄濃度の増減を関係付けることによって、図 1-10 に示すように、青潮を硫黄濃度として推定する手法が提案されています[16]。通常 660nm は植物プランクトンの光吸収帯と重なりますが、主に青潮水は底層起源であり、植物プランクトンはほとんど含まれていないと仮定をおくことでこの手法が成り立ちます。

しかし、閾値を設けて青潮発生箇所と非発生箇所とを区別するため、河口域で濁度が著しく増加した場合などには誤判定される可能性があることに注意する必要があります。さらに、硫黄の光吸収係数や後方散乱係数が測定され、硫黄を単純な濁りとし

て推定するだけでなく、海水成分による光の吸収と散乱の光学特性を推定する詳細なアルゴリズムも提案されており、今後、青潮発生箇所と非発生箇所を光学的特徴から区別する手法の開発が期待されます[17]。

　上述したとおり、青潮検出において青潮による濁りと河川から流入する無機物の粒子（土砂のような非生物系の粒子）による濁度の増加との判別が課題として残されています。今後の研究において、それぞれの光学的な特徴が詳細に把握されることによって解決されることが期待されます。

　また、現在使用されている GOCI は 500m 解像度であり、青潮が小規模である場合や面積が小さい港内や浅場への拡がりを捉えるには解像度が不足しています。今後、高頻度高解像度の海色センサーが打ち上がることで、より詳細な青潮のモニタリングが可能になることが期待されます。

## 1-3　生物多様性の保全

　2010 年、名古屋で開催された「生物多様性条約第 10 回締約国会議」（COP10）では、海洋と沿岸の生物多様性に配慮して持続的に利用するための適切な措置をとるよう各国に促すことなどが決定されました（図 1-11）[18]。

　一方、地球観測に関する政府間会合（GEO：Group on Earth Obrvations）では、生物多様性に関しても、全球地球観測システム（GEOSS: Global Earth Observation System of Systems）に人工衛星による地球規模観測の役割を位置付けています。このような重要な国際会議は RS 分野でも頻繁に行われています。

　水産庁は 2016 年に「藻場・干潟ビジョン」を策定しました[19]。藻場・干潟ビジョンでは、広域的に藻場の分布状況・消長を把握する手法として、衛星画像を用いた解析手法に言及されています。図 1-12 は筆者らが衛星画像を使って瀬戸内海の藻場分布をマッピング・検証した例です。

　また、環境省でも 2015 年度から 3 か年で閉鎖性海域対策として、瀬戸内海での藻場・干潟分布調査を実施しました[20]。光学衛星での観測データをもとに現地でのヒヤリングを行いました。過去のデータとの比較を組み合わせることで、太陽光有効深度内において従来の調査手法によるものよりも広域かつ、より詳細な分布域の把握が可能になっています[21]。この手法では、対象海域の水質、特に濁度に依存する太陽光が透過する水深 20m 程度が限界深度となっています。

生物多様性条約第15回締約国会議（COP15）の会場の様子

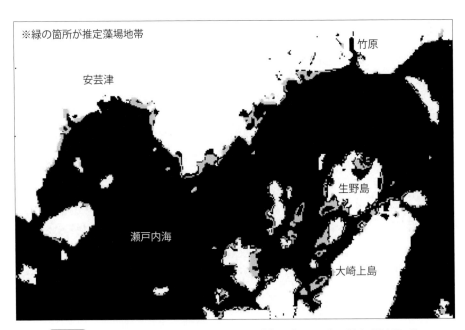

※緑の箇所が推定藻場地帯

竹原

安芸津

生野島

瀬戸内海

大崎上島

図 1-12 瀬戸内海・竹原沖の衛星画像による藻場分布マッピング例（筆者作成）

図 1-13　サンゴの白化

一方、温暖化による水温上昇の影響を受けやすいサンゴ礁の状況の把握に関しては、環境省において「サンゴ礁生態系保全行動計画 2022-2030」が策定されています[22]。モニタリング技術としても、海洋観測衛星データを用いて、特にサンゴに共生している藻類がいなくなってしまう白化（図 1-13、サンゴに共生する色彩豊かな藻類がなんらかの原因で減少して、サンゴの骨格が透けて白色に見える現象）のモニタリング、底質や藻場との分類手法に関しての研究がされています（図 1-14）[23]。

特に近年では、衛星搭載光学センサーの空間解像度、波長解像度がよくなっていることから、より詳細な状況把握が進んでいます。また、複数の衛星を打ち上げる小型衛星コンステレーションにより観測頻度が飛躍的に向上していることから、雲による欠測が少なくなり、かつ、より条件の良いデータ取得が可能となってきています。

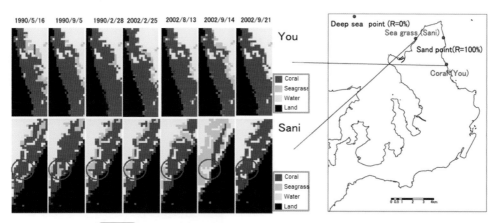

図 1-14　サンゴ地帯と藻場の Landsat による分類例（筆者作成）

## 1-4　海洋プラスチック

近年、スーパーやコンビニエンスストアなどで、レジ袋が「有料化」されてきてい

ます。これは、世界的に大きな問題となっているプラスチックゴミによる海洋の汚染に対応するための動きです[24]。特に海水中に漂うマイクロプラスチック（5mm以下の微細なプラスチックと定義される場合が多い）はどんどん蓄積されていくことから生態系に与える影響は深刻化しています[25]。

マイクロプラスチックのもとは、レジ袋やペットボトルなどで、人為的に直接、海または河川に廃棄されて海洋へと運ばれたものです。こうした多くのプラスチックゴミは、海洋表面を浮遊、海底に沈積、あるいは生物によって捕食されますが、いずれの場合でも難分解性であり、半永久的に生態系へダメージを与えるという点で深刻です。実際、図1-15、図1-16に見られるように、海水浴場に行ってよく観察すると海ゴミの中には非常に多くのプラスチックが含まれていることがわかります。

プラスチックゴミに代表される海ゴミの調査法としては、一般的には「水辺の散乱ごみの指標評価手法（海岸版）」などの方法で、調査員が海岸において目視または写真によって概略を把握します[26-27]。

このような調査は、確実ではありますが、一般に人手や手間がかかり、調査者の主観が入りやすいという欠点もあります。そこで客観的にゴミの量を評価する手段として、RSによる方法が考えられます。現在RSによる海ゴミの検出には、ウェブカメラや超高解像度衛星を使った可視画像（色）による検出方法が試みられています[28-30]。

しかし、この方法ではペットボトルのような透明なプラスチックや砂浜や周辺の植生と同じような色をしたゴミは検出できないという問題点がありました。

一方、赤外線（可視より波長が少し長い領域）のあるいくつかの波長には、プラスチック特有の光吸収が見られます。作野らの研究では、1,200nm、1,700nm、2,300nm付近にそれぞれ特徴的なプラスチックゴミによる光吸収が確認されました[33]。この目に見えない光を使えば、原理的にはプラスチックゴミを見つけることができます。

図1-17は実験室において、近赤外カメラと呼ばれる特殊なカメラを使ってプラスチックの種類を判別した結果です。このように透明に見えるプラスチックも、特殊な

図1-15　漂着したペットボトル

（図 1-16） 広島県の海水浴場に広がる海ゴミ例（2018 年 5 月筆者撮影）

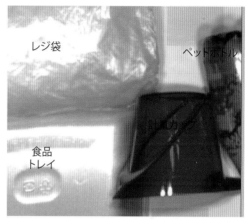

（図 1-17） 近赤外カメラによるプラスチック種の判別実験例
普通のデジタルカメラの写真（左）と近赤外カメラの写真（右）

カメラを使うことによってプラスチックの種類まで色分けすることが可能です。近年は、Sentinel-2 のような衛星による海洋プラスチック検出も試みられています[33]。

【参考文献】

［1］気象庁，気象庁気候変動監視レポート 2021，2022，p. 96，
　　https://www.data.jma.go.jp/cpdinfo/monitor/2021/pdf/ccmr2021_all.pdf，（Accessed 2023.2.15）
［2］環境省（2021）変化する気候下での海洋・雪氷圏に関する IPCC 特別報告書　政策決定者向け要約
　　（SPM）仮訳，https://www.env.go.jp/earth/ipcc/special_reports/srocc_spm.pdf
［3］Maúre, E.d.R., Terauchi, G., Ishizaka, J., Clinton, N., & DeWitt, M.: Globally consistent
　　assessment of coastal eutrophication. Nature Communications, 12(1), https://doi.org/10.1038/
　　s41467-021-26391-9, 2021. pp. 1-9.
［4］https://eutrophicationwatch.users.earthengine.app，（Accessed 2023.12.10）

［5］Terauchi G, Maúre E.d.R, Yu Z., Wu Z., Lee C., Kachur V., Ishizaka J.: Assessment of eutrophication using remotely sensed chlorophyll-a in the Northwest Pacific region, Proceedings of SPIE, 10778: 107780H-4. doi:10.1117/12.2324641, 2018.

［6］Kameda T., and Ishizaka J.: Size-Fractionated Primary Production Estimated by a Two-Phytoplankton Community Model Applicable to Ocean Color Remote Sensing, Journal of Oceanography, Vol. 61, No. 4, doi:10.1007/s10872-005-0074-7, 2005, pp.663–72.

［7］Zhang H., Wang S., Qiu Z., Sun D., Ishizaka J., Sun S., He Y.: Phytoplankton Size Class in the East China Sea Derived from MODIS Satellite Data, Biogeosciences, Vol. 15 No.13, doi:10.5194/bg-15-4271-2018, 2018, pp. 4271–89.

［8］大内晟：広島湾奥部における赤潮予報研究の現状，沿岸海洋研究ノート，Vol. 20，No. 1，1982，pp. 33–42.

［9］Ishizaka J, Kitaura Y, Touke Y, et al.: Satellite detection of red tide in Ariake Sound, 1998-2001, Journal of Oceanography, Vol. 62, No.1, doi:10.1007/s10872-006-0030-1, 2006, pp. 37-45.

［10］Siswanto E, Ishizaka J, Tripathy SC, Miyamura K.: Detection of harmful algal blooms of Karenia mikimotoi using MODIS measurements: A case study of Seto-Inland Sea, Japan, Remote Sensing of Environment, Vol. 129, doi:10.1016/j.rse.2012.11.003, 2013, pp. 185-196.

［11］Feng C, Ishizaka J, Saitoh K, Mine T, Yamashita H.: A Novel Method Based on Backscattering for Discriminating Summer Blooms of the Raphidophyte (Chattonella spp.) and the Diatom (Skeletonema spp.) Using MODIS Images in Ariake Sea, Japan, Remote Sensing, Vol. 12, No. 9, 1504, doi:10.3390/rs12091504, 2020.

［12］宮崎早苗，八木宏，小倉久子，灘岡和夫：衛星画像解析に基づく東京湾の青潮発生状況把握の試み，海岸工学論文集，42，1995，pp. 1076-1080.

［13］作野裕司，小林拓，比嘉紘士，鯉渕幸生，虎谷充浩：青潮発生時における海色の定量評価の試み，土木学会論文集 B3（海洋開発），67（2），2011，p. I_376-I_381.

［14］作野裕司：2017 年 6 月に東京湾奥で発生した大規模な青潮の概要と衛星データ取得状況，日本リモートセンシング学会誌，37（4），2017，pp. 373-374.

［15］比嘉紘士，鯉渕幸生，小林拓，虎谷充浩，作野裕司：衛星リモートセンシングを用いた東京湾における青潮分布の形成過程に関する解析，土木学会論文集 B2（海岸工学），69（2），2013，p. I_1451-I_1455.

［16］Higa H., Sugahara S., Salem S. I., Nakamura Y., Suzuki T.: An estimation method for blue tide distribution in Tokyo Bay based on sulfur concentrations using Geostationary Ocean Color Imager (GOCI), Estuarine, Coastal and Shelf Science, Vol. 235, 106615, 2020.

［17］比嘉紘士，中村航，管原庄吾，中村由行，鈴木崇之：静止海色衛星による硫黄の光学特性に基づいた青潮分布推定手法の開発，土木学会論文集 B2（海岸工学），75（2），2019，p. I_1057-I_1062.

［18］環境省，生物多様性条約第 10 回締約国会議の開催について（結果概要），https://www.env.go.jp/press/files/jp/16459.pdf，（Accessed 2020.12.07）

［19］水産庁，藻場・干潟ビジョン，https://www.jfa.maff.go.jp/j/gyoko_gyozyo/g_thema/attach/pdf/sub53-1.pdf，（Accessed 2020.12.07）

［20］環境省，瀬戸内海における藻場・干潟分布状況調査調査結果（概要），http://www.env.go.jp/water/totalresult.pdf，（Accessed 2020.12.07）

［21］RESTEC，衛星データによる藻場分布の把握，https://www.restec.or.jp/pdf/h24pg7.pdf，（Accessed 2020.12.07）

［22］環境省，サンゴ礁生態系保全行動計画 2016-2020，http://www.env.go.jp/nature/biodic/coralreefs/pamph/C-project2016-2020_L.pdf，（Accessed 2020.12.07）

[23] 作野ら：衛星リモートセンシングによる奄美大島のサンゴ礁底質マッピング（日本サンゴ礁学会 2005年度ポスター発表），https://home.hiroshima-u.ac.jp/sakuno/bousai/JCRS2005poster.pdf，（Accessed 2020.12.07）

[24] Jambeck J. R., Geyer R., Wilcox C., Siegler T. R., Per-ryman M., Andrady A., Narayan R., Law K. L.: Plastic waste inputs from land into the ocean, Science, Vol.347, No.6223, 2015, pp.768-771.

[25] Browne M. A., Crump P., Niven S. J., Teuten E., Tonkin A., Galloway T., Thompson R.: Accumulation of mi-croplastic on shorelines woldwide: sources and sinks, Environmental science & technology, Vol.45, No.21, 2011, pp.9175-9179.

[26] 国土交通省東北地方整備局，JEAN/クリーンアップ全国事務局，特定非営利活動法人パートナーシッ プオフィス：水辺の散乱ゴミの指標評価手法（海岸版），2004.

[27] 広島県，海岸漂着物等対策推進地域計画，2017，pp.1-53.

[28] 磯辺篤彦，日向博文，清野聡子，馬込伸哉，加古真一郎，中島悦子，小島あずさ，金子博：漂流・ 漂着ゴミと海洋学－海ゴミプロジェクトの成果と展開，沿岸海洋研究，第49巻，2号，2012，pp. 139-151.

[29] 青山隆司，野沢志帆：衛星リモートセンシングによる海洋漂流物の抽出，福井工業大学研究紀要，第 45号，2015，pp.1-6.

[30] 青山隆司，倉田旦：衛星画像を用いた海ゴミ抽出手法の検証，福井工業大学研究紀要，第46号，2016，pp. 1-7.

[31] Garaba S. P. and Dierssen H. M.: An airborne remote sensing case study of synthetic hydrocarbon detection using short wave infrared absorption features identified from marine-harvested macro- and microplastics, Remote Sensing of Environment, 205, 2018, pp. 224-235.

[32] 作野裕司，森本雅人：海岸のプラスチックゴミ検出のための近赤外分光反射率特性と衛星からの検出 可能性，土木学会論文集B2（海岸工学），74（2），2018，p. I_1471-I_1476.

[33] Themistocleous K., Papoutsa C., Michaelides S., Hadjimitsis D.: Investigating Detection of Floating Plastic Litter from Space Using Sentinel-2 Imagery, Remote Sensing, 12 (16), 2648, 2020.

# 海の衛星リモートセンシングと水産

本章では、序章の表 0-1 で挙げた「衛星データ利用が期待される海の分野と課題カテゴリー」のなかの「2 水産」について説明していきます。「水産」というと漁業から流通まで水産物を取り扱う事業全般を指す用語なので「漁業」と言い換えたいところですが、実際には漁船漁業のほか、養殖業や加工産業も含みます。ここでは、水産分野において、特に衛星からの観測が有効な場面となる「水産資源管理の拡充・強化」「IUU 漁業」「養殖業・沿岸漁業」について簡単に説明します。

## 2-1 水産リモートセンシングの歴史

「潮境（水温が急激に変化する場所）には魚が集まる」のは、大正時代に提唱された「北原の法則」といわれるものです[1]。この法則は、現在も漁師さんが漁場を探す時の重要な指針となっています。まったく異なる分野である水産と人工衛星を結び付け

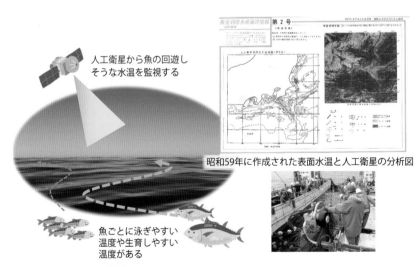

人工衛星から魚の回遊しそうな水温を監視する

昭和59年に作成された表面水温と人工衛星の分析図

魚ごとに泳ぎやすい温度や生育しやすい温度がある

図 2-1 人工衛星を使った漁場環境調査のイメージ

た最初の取組みは、図2-1に示すように、人工衛星を使って宇宙から漁場環境を明らかにすることでした[2]。漁業の現場では、1980年代から衛星データが実際に使われてきました。現在は、漁場探索以外にも赤潮監視や不審船監視など、さまざまな水産に関わる現象のモニタリングに人工衛星が利用されています。

## 2-2 水産資源管理の拡充・強化

2018年、水産庁は多くの魚の不漁問題への対処や「持続可能な開発目標」（SDGs: Sustainable Development Goals）達成などの国内外の水産業をとりまく環境の変化を受けて、実に70年ぶりに「漁業法」（漁業の権利や許可について定めた漁業の基本となる重要な法律）を改正しました。改正内容は多岐にわたりますが、「水産資源管理の拡充・強化による資源の回復・維持」と、「水産業の成長産業化」の2つは重要項目となっています。

水産資源管理の拡充・強化では、資源状態を正確に把握する必要がある魚種である「資源評価対象種」の拡大と乱獲にならずに最も魚を獲ることが可能な漁獲量「最大持続生産量」（MSY: Maxmum Sustainable Yield）、に基づく国際的に遜色のない科学的な資源評価方法および、船ごとの漁獲量の個別割当て等による効果的な管理方法の導入を進めています[3]。

一方、成長産業化については、伝統的な漁業国である日本では、古くから漁業操業の効率化を目指したさまざまな技術開発が進められてきましたが、ICT（Information and Communication Technology）を活用した水産業のスマート化を指針としています。

スマート水産業のポイントは、①漁獲量や海水温といった操業や養殖に関する情報をデジタル化すること、②それらのデータと関連するさまざまなデータを連携させて解析することの2点です。衛星リモートセンシング（RS）で得られる情報は、データ連携における重要なデータのひとつとなっています（図2-2）。

衛星RSの水産海洋への応用の基本は、衛星から表面水温や海流やクロロフィルa濃度などの海洋環境を把握し、そこから魚群や漁場を間接的に推定することです。米国では1980年代に衛星で観測された水温・海色とマグロの漁獲量を比較解析し、漁業現場での有効性を明らかにしました[4]。

日本周辺海域での研究でも、衛星で観測された海面水温と漁場との比較解析によっ

（図 2-2） スマート水産業のイメージ（出典：水産庁）

て、衛星 RS の漁業現場での有効性が示されています [5-6]。現在では、漁業現場での衛星データの活用が必須となっており、解像度や観測波長の異なる多様な衛星データが利用されています。その応用範囲は、漁場探索から藻場・干潟のモニタリングまで多岐にわたっています。図 2-3 に衛星データ上に海面水温と漁場をプロットした例を示します。

　海の状況を正確に把握することは、大きなスケールでは、温暖化などの海洋環境の変化が水産資源に与える影響の把握に、小さいスケールでは、漁場探索等の効率化にと、さまざまな問題解決に寄与します。特に後者の場合、高頻度の衛星観測とリアルタイム性に加え、高解像度の衛星観測が求められますが、気象衛星「ひまわり」や「しずく」（GCOM-W）、「しきさい」（GCOM-C）など、ここ 10 年で急速に衛星やセンサーの技術が進歩しており、高頻度・高解像度といった要求に応える衛星データが増えつつあります。

　最初に水産分野での応用が始まった「TIROS-N/NOAA」衛星シリーズに代表される「極軌道衛星」（地球を南北に周回する軌道で 1 日に数回日本付近を撮影できる）については、センサーの高性能化による高解像度化および多波長観測によるハイパースペクトル化、複数の衛星を組み合わせた観測の高頻度化の 3 点が近年技術開発の方向性となっています。

　常時日本の排他的経済水域（EEZ）全体をモニタリングすることが可能な「ひま

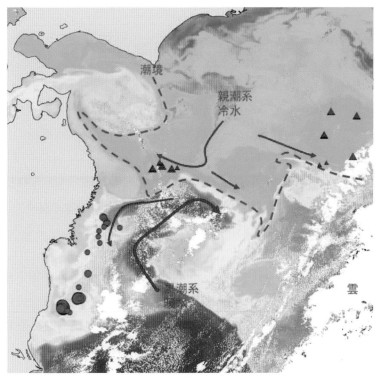

（図 2-3）「しきさい」GCOM-C/SGLI が撮影した海面水温と漁場

暖色ほど温かく、寒色ほど冷たい。●はカツオ漁場、▲はサンマ漁場。

わり」に代表される「静止軌道衛星」（地球と同じ速度で回転する衛星で、常に日本付近を撮影する）については、常時観測による高頻度のデータ収集が可能という優位性を生かしつつ、センサーの高性能化による高解像度化の技術開発が進められています。

このほかにも、梅雨前線など気象の影響を受けやすい日本周辺海域において、雲の影響を受けにくい性質を持つマイクロ波を使った衛星センサーの高精度化等の技術開発が進められています。水産分野ではまだ積極的に活用されていない衛星データも多く、研究開発の推進と社会実装が期待されます。

漁業者などのエンドユーザーへのデータ提供については、近年は単に衛星データを提供するだけでなく、一歩進んだ応用情報も求められるようになりつつあります。その例が漁場予測マップや予測水温図などです。

このような先端的な応用解析の分野では、AI 系のベンチャー企業などの積極的な参入もみられています。海の予測については、実用可能な海洋数値モデル（スパコンなどでデジタルの海を再現したもの）の開発が急速に進みつつあります。

## 2-3　違法・無報告・無規制（IUU）漁業

SDGs14　海の豊かさを守ろう

「違法・無報告・無規制（IUU）漁業」とは、国内法・国際法に違反する操業（Illegal）、漁獲量の無報告や過少報告（Unreported）、旗国や沿岸国の許可を得ない無許可操業（Unregulated）の総称です。これらの行為は、水産資源の管理や水産物取引の弊害となるうえに、強制的に IUU 漁業に従事させられることによる人権問題にも結びついています。

IUU 漁業は、世界の水産業の大きな不確定要素であり、喫緊に対処すべき課題です[7-9]。「SDGs14 海の豊かさを守ろう」においても重要課題として IUU 漁業が挙げられており、その撲滅へ向けて、操業監視や IUU 漁業の漁獲物の流通を監視する国際連携の取組みが進められています。

非営利活動法人である GFW（Global Fishing Watch）は、Google と連携しながら、ウェブサイトを通じて世界の漁船の動向を可視化することで IUU 漁業に関連する情報を継続して発信しています[10]。IUU 漁業を監視するうえで、衛星 RS は極めて有効な手段です。水温などの海洋環境から間接的に漁場を推定するのとは異なり、直接衛星から各種電磁波により漁船を捉えることができます。

具体的には、①可視センサー（夜間撮影）、②レーダーセンサー、③衛星 AIS（自動船舶識別装置）、④高解像度センサーなど、おおむね 4 つのタイプの衛星センサーを利用することができます。これらを組み合わせたモニタリングのイメージを図 2-4 に示します。

まず、①の例ですが、漁船の多くは集魚灯を使って夜間に操業しています。集魚灯は非常に明るいことから衛星に搭載された可視センサーで夜間に観測が可能なため、夜間可視画像に映る集魚灯を分析して IUU 漁業の漁船などを検知することが試みられています[11-13]。現在稼働している「NOAA シリーズ」や「Suomi NPP」などの衛星に搭載された「VIIRS」（Visible Infrared Imaging Radiometer Suite）には夜間可視チャンネルがあり、高解像度かつ高頻度で夜間の集魚灯の分布をモニタリングすることが可能となっています。図 2-5 に夜間可視画像の例を示します。

次に、②については、合成開口レーダー（SAR: Synthetic Aperture Radar）など

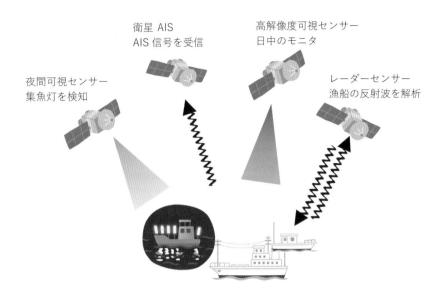

夜間可視センサー
集魚灯を検知

衛星 AIS
AIS 信号を受信

高解像度可視センサー
日中のモニタ

レーダーセンサー
漁船の反射波を解析

（図 2-4） 衛星リモートセンシングによる IUU 漁船の探知のイメージ

（図 2-5） NPP/VIIRS による夜間可視画像
日本海に分布する白いドットの塊が漁船の集魚灯（グレーの領域は雲の反射光）

が使われます。SARによる船舶識別に関する研究もこれまで多数行われています[14]。③のAISは、船舶同士の衝突を避けるために自船の位置を電波で発信、他船の発信する電波を受信する機能を持つ航行設備です。ここで使用されているVHF波は直進性が強く、天空の衛星でも受信が可能となっています。

AIS電波を衛星で受信する試みは、宇宙航空研究開発機構（JAXA）の研究でも実証されています[15]。AISは総トン数300トン以上の外航船舶に搭載が義務付けられていますが、中小の船舶でも安全のため搭載されていることが多いので、これを利用することはIUU漁業の監視に有効であると考えられます。

## 2-4 養殖業・沿岸漁業

養殖とは、魚やエビなどを海や陸の設備で人工的に増やすことをいいます。いまの日本の水産にとって養殖は非常に重要で、回転寿司などでは養殖のエビやサーモンが多数並んでいます。養殖は魚を探す必要もなく、魚を獲る経験も不要で、設備があればどこでも可能なことから、世界的に成長産業となっています。

図2-6（上）は国際連合食糧農業機関（FAO）の統計資料から作成した世界の漁業・養殖業生産量の推移です。世界の漁業・養殖業生産は一貫して増加を続けており、特に養殖業生産量の伸びが著しいことがわかります。一方、図2-6（下）は、日本の漁業種類別の水揚げの推移です。沖合漁業や遠洋漁業が大幅減や低調に推移していますが、沿岸漁業や養殖業の減少は緩やかです。世界的に水産物需要が増加するなか、国内への水産物供給の安定化をはかり、食料自給率を上げるためには、養殖業や沿岸漁業の振興が重要であり[16]、2018年の漁業法の改正でもポイントのひとつとなっています。

沖合で魚群を探して魚を獲る釣りやまき網などとは異なり、海中に漁具を設置して魚の入網を待つ定置網や小規模な底曳網、小型まき網のような沿岸漁業では、急潮（非常に速い潮の流れ）などによって漁具が壊れることがあります。養殖業では、赤潮の影響でノリの色落ち、魚類の斃死（へいし）など、多大な漁業被害が発生することがあります。このような沿岸モニタリングや漁業被害への対応は衛星データの利用や現場データと衛星データの連携が有効です[17]。

沿岸漁業などへの衛星データの応用の基本は、漁業探索への応用と同様に衛星から海洋環境を把握し、そこから間接的に沿岸漁業をモニタリングして漁業被害などを推

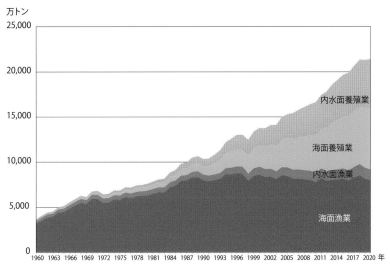

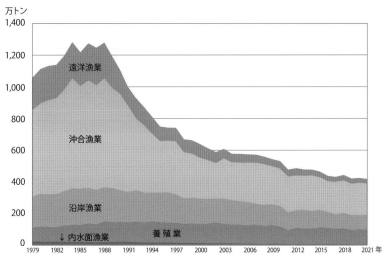

図 2-6 世界の漁業・養殖業生産量の推移（上）と日本の漁業種類別生産量（下）

定することですが、沿岸の敷設漁具などは高解像度衛星で直接捉えることができます。図 2-7 に高解像度衛星「Landsat」により撮影された有明海のノリ養殖場を示します。

　赤潮被害などを受けず安定的に養殖を行ううえで、養殖施設周辺の海洋環境の把握は重要であり、海洋観測ブイなどを活用した養殖設備のスマート化はベンチャー企業の参入も盛んです。特に漁業被害を引き起こす赤潮のモニタリングには、高度な衛星の利活用が進められています[18]。一方、台風などの自然災害の漁業への影響についても、ここ数年の異常気象に対応して衛星データの活用が進められています[19]。

　沿岸域は、外洋に比べて潮汐や河川水の影響などで水理構造が複雑なうえに、気象

**図 2-7** 「Landsat」による有明海ノリ養殖場のモニタリング
反射率が高いほど暖色、低いほど寒色で表示。陸や船舶や沿岸水の分布域は反射率が高い。
洋上に分布する短い線状に映っているものは船舶およびその航跡。沿岸の広範囲にバーコー
ド状に分布しているのはノリ養殖の漁具。

等による攪乱を受けやすいこと、さらに閉鎖的な水域の場合は海水循環などにさまざ
まな物理過程が関わることから、海況の時空間変化が複雑になりがちです。これを衛
星 RS でモニタリグするには、観測の高頻度化、高解像度化が必須です。

## 【参考文献】

[1] 北原多作：海洋研究漁村夜話，大日本水産会，1921，pp.303-310.
[2] 社団法人漁業情報サービスセンター，昭和 51 年度人工衛星利用調査検討事業報告書，1977.
[3] 水産庁，水産政策の改革（新漁業法等）のポイント，平成 30 年度水産白書，https://www.jfa.maff.
go.jp/j/kikaku/wpaper/h30/attach/pdf/30suisan_1.pdf，2018，（Accessed 2022.2.15）
[4] Laurs R. M., Fiedler P. C., Montgomery D. R.: Albacore tuna catch distributions relative to
environmental features observed from satellites, Deep-Sea Research, 31, 9, 1984, pp.1085-1099.
[5] Saitoh S., Kosaka S., Iisaka J.: Satellite infrared observation of Kuroshio warm-core rings and

their application to study of Pacific saury migration, Deep-Sea Research, Vol.33, Nos 11/12, 1986, pp.1601-1615.

［6］Sugimoto T., Tameishi H.: Warm-core rings, streamers and their role on the fishing ground formation around Japan, Deep-Sea Research, 39, 1, 1992, pp.183-201.

［7］Oozeki Y. et al.: Reliable estimation of IUU fishing catch amounts in the northwestern Pacific adjacent to the Japanese EEZ: Potential for usage of satellite remote sensing images, Marine Policy 88, 2018, pp.64-74.

［8］Park et al.: Illuminating dark fishing fleets in North Korea, Science Advances, 6（30）, 2020.

［9］FAO, The state of world fisheries and aquaculture, 2018.

［10］Global Fishing Watch, https://globalfishingwatch.org/, 2014,（Accessed 2022.2.15）

［11］伊藤涼，長幸平，下田陽久，坂田俊文：OLS 可視・赤外画像に見られる漁船の分布と海面温度の関係，日本写真測量学会誌，Vol. 37, No. 4, 1988, pp.34-42.

［12］Cho K., Ito R., Shimoda H., Sakata T.: Fishing fleet lights and sea surface temperature distribution observed by DMSP/OLS sensor, Int. J. Remote Sensing, Vol. 20, No. 1, 1999, pp.3-9.

［13］Kiyofuji H., Saitoh S., Sakurai Y., Hokimoto T., Yoneta K.: Spatial and temporal analysis of fishing fleet distribution in the southern Japan Sea in October 1996 using DMSP/OLS visible data, Proceedings of the First International Symposium on Geographical Information System （GIS）in Fisheries Science, 2001, pp.178-185.

［14］有井基文 他：衛星搭載合成開口レーダによる海洋監視技術の進化と深化，MSS 技報，Vol.22, 2012, pp.6-12.

［15］JAXA，SPAISE 衛星搭載船舶自動識別システム（AIS）実験，https://www.satnavi.jaxa.jp/experiment/spaise/, 2012,（Accessed 2023.12.10）

［16］藤田仁司：我が国養殖業の構築に向けた政策展開－養殖業成長産業化総合戦略－，バイオサイエンスとインダストリー，VOL.78, NO.3, 2020.

［17］宮村和良：大分県豊後水道沿岸におけるカレニア赤潮対策とその効果（特集 新たな予測技術と利用効果：早期発見・迅速対応）産地と消費地をネットする水産情報誌，18（11），2015, pp.22-26.

［18］Yang M.M., Ishizaka J., Goes Joaquim I, Gomes Helga do R., Maure Eligio de Raus, Hayashi M., Katano T., Fujii N., Saitoh K., Mine T., Yamashita H., Mizuno A.: Improved MODIS-Aqua Chlorophyll-a Retrievals in the Turbid Semi-Enclosed Ariake Bay, Japan, Remote Sensing, 10, 9, 2018.

［19］JAXA，記録的な被害をもたらした台風 19 号の脅威―地球が見える 2019 年―，https://www.eorc.jaxa.jp/earthview/2019/tp191028.html, 2019,（Accessed 2023.12.10）

# 海の衛星リモートセンシングと資源・エネルギー

本章では、序章の表 0-1 で挙げた「衛星データ利用が期待される海の分野と課題カテゴリー」のなかの「3 資源・エネルギー」について説明していきます。

「資源・エネルギー」とは、私たちの生活に欠かせない資源である石油（海洋油田など）やクリーンなエネルギーとして注目される「洋上風力発電」などを取り巻く問題と考えると、イメージしやすいでしょう。

ここでは、資源・エネルギー分野、特に衛星からの観測が有効な場面となる「海洋油汚染」「自然エネルギー」「海洋エネルギー資源開発に関する環境アセスメント」について簡単に説明します。

## 3-1 海洋油汚染

化石燃料、特に石油にその多くを依存する社会構造において、石油の輸送は海上輸送が支配的な役割を占めます。その際の事故は、沿岸域、浅海域での座礁が多く、そのような海域の生態系に大きな影響を与えます。また、海洋油田での事故、とりわけ 2010 年米国メキシコ湾における海洋油田流出事故は記憶に新しいところです [1]。

沈没船からの油流出の様子
（出典：海上保安庁）

衛星リモートセンシング（RS）による海洋油汚染把握は、主に合成開口レーダー（SAR）によって行われています（図 3-1）。SAR による油汚染域の観測原理は、海面に広がる油膜部分とそれ以外の部分では表面張力が変わることにより起こる粗度（Roughness）の変化による後方散乱断面積の違いにより判別されます。つまり、SAR で観測した時の風波の立

油流出前 SAR 画像と油検出結果 　　　　　　　油流出後 SAR 画像と油検出結果

Wakashio
Sentinel-1 画像
（2020/7/29）

Wakashio
Sentinel-1 画像
（2020/8/10）

解釈図
（2020/7/29）

解釈図
（2020/8/10）

図 3-1　「Sentinel-1」によるモーリシャス油流出域検出の例（筆者作成）

つ海面と、油膜により鏡面反射される海面の違いを分類することが基本原理となります。しかし、島陰や風波が発達していない海域での比較が難しい点や、SAR の観測波長帯入射角で見え方が大きく変わる点などが解析を困難にしています。また、最近では機械学習を用いて効率的な油汚染海域の把握が可能になりつつあります。

## 3-2　自然エネルギー

2011 年の東日本大震災を契機に、再生可能エネルギーの実装、ひとつのエネルギー

洋上風力発電の施設

供給源に依存しないエネルギーの多様化が加速しました。

　再生可能エネルギーは、化石燃料に頼ることなく自然エネルギーを利用するものが多く、安定した電力供給を行うためには自然環境をよく把握することが重要となります。主に、発電施設を設置する際の適地選定、電力を安定して供給するための自然環境変化の予測などが重要とされる項目と考えられます。

　以下に、海洋環境を積極的に利用する自然エネルギーの事例について、衛星データの利用可能性を示します。

　風力に関しては、衛星での観測はマイクロ波散乱計、マイクロ波放射計、SARにより導出が可能です。このうちマイクロ波散乱計のみ風向（ベクトル）の導出が可能であり、ほかのセンサー単体では風速（スカラー）のみ計測されます。通常、洋上風力発電は沿岸域に設置されることが多いため、高い空間分解能を利用した沿岸付近での風場の把握が求められます。このニーズに堪えうるのはSARのみとなっています。

　しかしながら、SARの時間分解能（観測頻度）は、海上風のように短いタイムスケールの物理現象を追うまでには至っていません。また、観測から情報として提供されるまでの時間を考慮すると、SAR観測単体で予測に対応するようなリアルタイムデータを提供することは難しくなります。したがって、風力発電施設を設置する際の適地選定には、SARを用いた沿岸海域での統計的な風速マップが用いられています[2]。

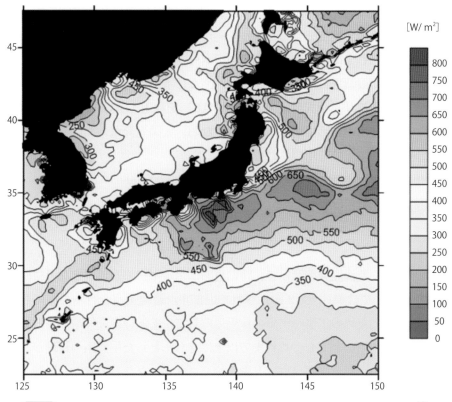

（図 3-2） 「MeTop/ASCAT」データから推定された日本近海の年間洋上風力エネルギー [3]

　基本的な SAR による海上風速の計測原理は、SAR で計測される海面の粗度からその地点で吹いている風速をモデル推定するものです。波力に関しても同様の原理から有義波高を推定することで、発電設備設置条件が良好な海域を推定することが可能です。図 3-2 に衛星「MeTop」のマイクロ波散乱計「ASCAT」で推定した日本近海の年間洋上風力エネルギー例を示します。

　沖合であれば、マイクロ波放射計の利用も可能ですが、空間分解能は SAR のそれと比較すると劣ります。海流に関しては、沿岸部の海流場を衛星観測のみで直接把握することは困難です（大きなスケールでの地衡流場は海面高度計による把握が可能）。

　通常、メンテナンスしやすく、送電しやすいごく沿岸部の海流場は、海岸地形の影響を受けながら、潮汐、湧昇流、陸水の流入などの影響を受ける複雑な構造となっているために、十分にダウンスケールされた物理モデルなどを用いることが現実的です。また精度の高いモデル解析値になるよう、衛星観測データを同化することが行われており [4]、主には海面水温などのデータを用いるケースが多くなっています。

温度差発電に関しても海流同様に、直接的な衛星観測データを用いることは困難で、海洋の内部構造を模擬できるモデルを利用することが一般的です。その際の初期条件、境界条件として衛星データ由来のパラメータが与えられることがあります。

　閉鎖的な海域に設置されるメガソーラーパネルによる太陽光発電は、衛星から観測される日射量である「光合成有効放射量」（PAR）を利用することで、発電量の予測、発電効率の良い運用のために用いられます。なお、太陽光発電における日射量の利用は海洋に限らず、陸上でも用いられます。

## 3-3　海洋エネルギー資源開発に関する環境アセスメント

　海洋エネルギー資源開発のなかで、特に自然エネルギーの適地選定などに関してのRSの利用については前述（3-2節）されています。適地選定を行った後にも、発電装置などの設置のための工事や実際の稼働に際して、あるいは今後増加するであろう海底資源などの利用などでも、これまで以上にきちんとした生態系の管理が必要とされます。そのため、バックグラウンド調査やモニタリングなどのほか、影響予測数値モデルなどの検証や向上のために、さらにRSデータの利用が期待されます[5]。

　これまで沿岸の陸側での開発の影響評価にRSデータを利用した例はあります。たとえば沿岸の火力発電所の温排水のモニタリングには、以前から熱赤外のRSデータが利用されてきました[6]。図3-3に島根原子力発電所の温排水を捉えたLandsat画像を示します[7]。また、沿岸に近い陸域での資源開発の影響についても、沿岸への土砂の流入などに関してRSデータが利用されています[8]。

　最近注目されている洋上風力発電でも、その影響の予測が難しいなかで、事前・事後の長期的なモニタリングの重要性が指摘されており、そのなかでRS技術も他の観測手法やモデリングと組み合わせて利用されることが考えられます[9]。たとえば、浅海域で計画される洋上風力発電施設開発の場合には、藻場のような重要な海域状況把握が欠かせないため、そのためにもRSデータの利用が期待されます[10]。

　沖合での資源開発についても、前述（3-1節）されたように石油採掘や石油流出事故の場合のモニタリングなどに利用されています。メタンハイドレート採掘など深海底での採掘は、まだ事業として行われていないために、利用された例は見当たりません。深海の状況は直接RSを用いてモニタリングすることは困難ですが、バックグラウンドとして開発海域の表面での生物生産や海水の濁りなどの状況を確認するため

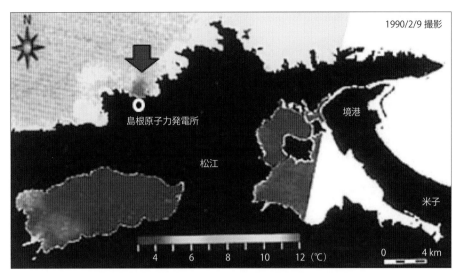

図 3-3 「Landsat」データから観察される温排水例 [7]

に RS データが利用できます。また、影響予測モデルの評価や精度向上に貢献できます [11]。

　今後、沿岸海域や沖合での開発事例が増加することが想像されますが、海域の環境情報は限られているため、RS データは重要なデータセットと考えられます。環境省は「環境アセスメントデータベース」（EADAS）[12] を作成していますが、現状では全国環境情報にクロロフィル a 濃度の平均値が載っている以外ほとんど見当たらず、今後海洋 RS データベースの充実が必要と考えられます。

### 【参考文献】

[1] 前田克弥：メキシコ湾の原油流出事故について（＜特集＞原油流出の影響と対策），日本船舶海洋工学会誌 KANRIN（咸臨），35，2011，pp. 2-6.

[2] 竹山優子，大澤輝夫，香西克俊：洋上風力エネルギー賦存量推定における ALOS PALSAR の利用可能性，風力エネルギー利用シンポジウム，32，2010，pp. 359-362.

[3] Miya H. and Sakuno Y.: An evaluation technique for off-shore wind-power energy potential in the seas around the Japanese island using Meso-Scale Model, QuickSCAT data, and ASCAT data, International Symposium on Remote Sensing 2012, Incheon, Republic of Korea, Oct.10-12, 2012.

[4] JAXA EORC，地球が見える 2018 年シリーズ「衛星データと数値モデルの融合」（第 2 回）衛星海面水温を用いた「海中天気予報」システムの運用を開始しました，https://www.eorc.jaxa.jp/earthview/2018/tp181107.html，（Accessed 2023.12.10）

[5] Muller-Karger F., Roffer M., Walker N., Oliver M., Schofield O., Abbott M., Graber H., Leben R., Goni G.: Satellite Remote Sensing in Support of an Integrated Ocean Observing System, IEEE

Geoscience and Remote Sensing Magazine, Vol. 1, No. 4, doi.org/10.1109/MGRS.2013.2289656, 2013, pp. 8-18.

［6］水鳥雅文, 坂井伸一, 仲敷憲和：LANDSAT 衛星による温排水モニタリングの実用性, 海岸工学論文集, 38, 1991, pp. 886-890.

［7］汽水域研究グループ代表 国井秀伸 編著；中海本庄工区の生物と自然, たたら書房, 1999, 102p.

［8］Alonzo M, Van Den Hoek J, Ahmed N.: Capturing coupled riparian and coastal disturbance from industrial mining using cloud-resilient satellite time series analysis, Scientific Report, Vol. 6, doi:10.1038/srep35129, 2016, pp.1-12.

［9］中田英昭：洋上風力発電が海洋生物やその生息環境に及ぼす影響, 海洋と生物, 232, Vol. 39, No. 5, 2017, pp. 423-429.

［10］小松輝久：藻場や浅海生物への影響とその調査方法, 海洋と生物, 232, Vol. 39, No. 5, 2017, pp.456-464.

［11］鈴村昌弘：環境影響評価研究の概要－環境影響評価の進め方と調査の進捗状況, 表層型メタンハイドレートの研究開発, 2020 年度, 一般成果報告会, https://unit.aist.go.jp/georesenv/topic/SMH/forum/forum2020/environment.pdf,（Accessed 2023.12.10）

［12］環境省, https://www2.env.go.jp/eiadb/ebidbs/,（Accessed 2023.12.10）

# 第4章 海の衛星リモートセンシングと災害・国土管理

　本章では、序章の表 0-1 で挙げた「衛星データ利用が期待される海の分野と課題カテゴリー」のなかの「4 災害・国土管理」について説明していきます。「災害・国土管理」とは、近年多発する風水害、地震（津波も含む）、海底火山噴火などの自然災害に伴う被害把握や国土管理のための監視を対象とします。ここでは、災害・国土管理分野、特に衛星からの観測が有効な場面となる「風水害」「海岸侵食」「津波・高潮」「海底火山活動」について簡単に説明します。

## 4-1 風 水 害

　2018 年 7 月の西日本豪雨（中国地方中心）、2019 年 9 月・10 月の台風による豪雨（関東地方中心）、さらに 2020 年に起きた「令和 2 年 7 月豪雨」（九州地方中心）など、近年日本各地で豪雨災害が頻発しています。世界的に見ても、2022 年 6 月～ 8 月の雨季にパキスタンで起きた豪雨は、国土の 3 分の 1 が水没したといわれ、沿岸への被害も容易に想像できます。このような大規模災害時に、陸域の災害調査は迅速に行われますが、海域の災害調査は極めて少ない状況です。

　災害時は、生活や人命に関わる陸上の復旧や調査が優先されることや、災害直後は港までの経路や航路において危険を伴うことなどの理由が考えられます。一方、危険を伴わず非接触で計測できる衛星リモートセンシング（RS）データの利用は、特に災害時の初動調査として期待される技術です。なかでも、東日本大震災で問題となった養殖筏（いかだ）の破損状況や西日本豪雨で問題となった土砂流出の把握（海底生物の死滅や赤潮のトリガーの懸念）は、衛星 RS データの活用が最も期待される分野です。

　風水害に関連した RS 研究の現状として、まず養殖筏の検出に関しては、光学センサーを搭載した高分解能衛星「IKONOS」（1m 解像度）を使った方法[1] などがありますが、災害時には悪天候となるため、近年全天候型の合成開口レーダー（SAR）衛星による検出[2-3] や航空機搭載合成開口レーダー（Pi-SAR）（約 2m 解像度）[4] に

よる検出が試みられています。

　また、海外では日本のように雨量データをはじめとする気象データそのものが容易に入手できないことも多くあります。最近は「GSMaP」とよばれる衛星降雨レーダーを使った世界の雨分布図が公表されています。一例として、パキスタン豪雨時の衛星雨量画像を図4-1に示します。

　一方、沿岸域や湾など、海への土砂流出の把握では、衛星の懸濁物質推定の方法が応用されています。最近では比較的高分解能な「Landsat-8」（30m解像度、16日周期）

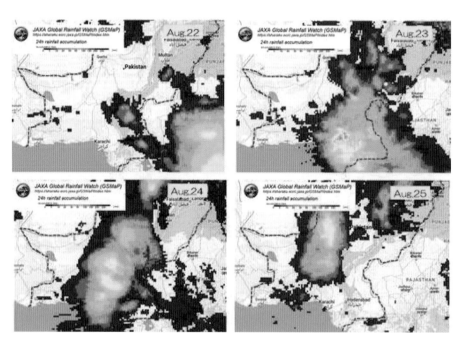

（図4-1）パキスタン豪雨時の GSMaP による雨量分布図（筆者作成）

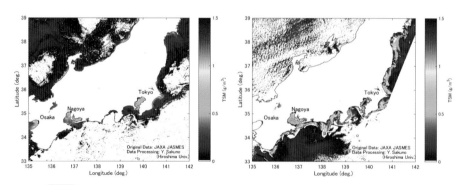

（図4-2）GCOM-C SGLI を利用した 2019 年 10 月台風 19 号による豪雨災害前後の懸濁物質量分布の例（左：災害前、右：災害後）（筆者作成）

や「Sentinel-2」による研究 [5-6]、図 4-2 に示すような、中分解能の GCOM-C SGLI による把握（250m 解像度、2 〜 3 日周期）[7] などがあります。

このように、近年頻発する風水害時において沿岸環境をリアルタイムで把握するために RS が果たす役割はますます高くなると思われます。陸域では定着してきている「ハザードマップ」に対して、海のハザードマップ、いわゆる「マリーンハザードマップ」はほとんど知られておらず、今後整備が必要な分野のひとつになるでしょう。しかし、現状の RS の分野では、悪天候時には可視熱赤外などの光学センサーが使いにくい、全天候観測が可能なレーダーセンサーである SAR 画像は色情報が得られない、解析が難しいなどの問題点があり、他の分野の研究と比べて、その事例は極めて少ないのが実情です。

## 4-2　海岸侵食

私たちの国は島国であり、総延長約 3 万 5,000km におよぶ長い海岸線を有しています。貴重な国土の維持・管理のためにも海岸保全は極めて重要です。海岸で供給される砂量が流出する砂量を下回ったとき、動的な平衡状態が崩れ、結果的に海岸の砂が減少することで海岸線が後退します。この現象が海岸侵食です。

一般に海岸侵食は、供給源での土砂生産量の変化、漂砂移動力としての波・流れの変化、沿岸地形の人為的変化および海岸地形の歴史的な形成過程等が独立的あるいは同時に影響し合うことが原因となります。

また、地震や台風といった災害、温暖化に伴う海面上昇も海岸侵食の原因となります。一旦海岸侵食が進行し砂浜が消失すると、その再生には莫大なコストがかかることになるため、海岸侵食の早期発見のために定期的な海岸の健康診断が重要です。そのため、低労力・低コストで海岸線を空間的にモニタリング可能な衛星データによる海岸線抽出が期待されています。一例として、図 4-3 にインドネシアの火山島カラクタウにおける 2018 年末に起きた噴火前後の海岸地形変化を Google Earth を使って目視抽出した示した例を示します。

海岸侵食の状態を把握するため、陸域と水域との境目である汀線域の抽出が行われます。可視衛星センサーを利用した海岸線抽出では、陸域と水域との境目を明確に捉えるため、高解像度画像を利用する必要があり、解像度 30m の衛星「Landsat」や解像度 10m 以下の超高解像度の衛星が利用されます [8-9]。

(a) 噴火前（2018年7月15日）

(b) 噴火後（2019年1月11日）

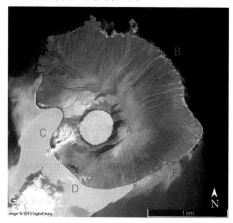

(c) 噴火前の立体地形図

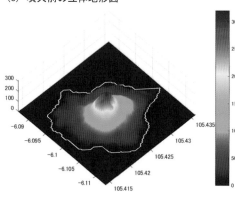

(d) 噴火前後の海岸線比較

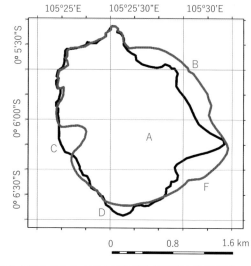

図4-3 Google Earth から抽出したインドネシアの火山島カラクタウ噴火前後の海岸地形変化解析例
（筆者作成）

　また、近赤外域の波長帯の電磁波は、水に強く吸収される特性があるため、陸域と水域との区分に有効です。近赤外域で捉えられた画像をベースとして、輝度値のヒストグラムから陸域と水域の境目を特定し、閾値を決めたうえで2値化処理を行うことで簡易的に区分可能ですが、解析者により閾値の設定が異なる可能性がある点に注意する必要があります。

　また、可視センサーは雲や日照条件の制約により定期的な監視が困難であるため、これらの影響を受けない合成開口レーダー（SAR）を使用した海岸線抽出が行われ

ています[10-12]。

　SAR は、地表におけるマイクロ波の散乱強度の平面分布を捉えることが可能です。一般に、陸域は水面より凹凸が大きく、後方散乱強度が水面のそれより大きくなる特性を利用することで陸域と水域を区分します。SAR を使用した海岸線抽出では、客観性・汎用性が課題としてありますが、自動抽出の適用性と誤差要因の特定が進んでおり真下からビームを当てる方向に向けた角度（衛星の直下と衛星から対象物を覗いた線とがなす角）であるオフナディア角や対象前浜における砂の粒径などが精度に影響することが分かってきています[12]。

　可視センサーを用いた海岸線抽出では、高解像度の衛星 RS データを使用して詳細に海岸線の抽出が可能である一方で、人為的に行う閾値の設定の良否に結果が依存することや、雲や日照条件の制約により定期的なモニタリングが困難であるデメリットがあります。そのため、季節変動や潮汐などの短期的な変動と長期的なトレンドを分離することは困難です。

　一方で SAR を使用した海岸線抽出では、日照条件や雲の被覆率に影響を受けることなく定期的に海岸の健康状態を把握することが可能です。今後 SAR を使用した海岸線抽出においても、高精度の結果が得られるための限界の把握や、客観性・汎用性のある解析手法が望まれます。

## 4-3　津波・高潮

　自然災害として多くの犠牲者を出した東日本大震災での津波、さらに気候変動による甚大化により特に低緯度の島嶼国の被害が報告されている高潮に関しては、防災としての適応策の検討が急務です。

　津波は地震に起因するもの、また高潮は多くの場合は大型の低気圧によるものとそれぞれ原因は異なります。しかし、両者に共通する点としては沿岸の海底地形と沿岸部の陸上地形により陸上での被害範囲、規模が決まる点です。

　前者に関しては、光学衛星観測データを用いて、船舶の音響探査がしにくい浅海域の海底地形を詳細に計測することができます。また、後者の海岸付近の陸地の地形に関しても地形図が未整備の地域に関しては光学衛星によるステレオ視観測から最高50cm 空間分解能の数値表層モデル（DSM: Digital Surface Model）を得ることができます。両者を用いて南太平洋島嶼国における気候変動適応対策として、環境省によ

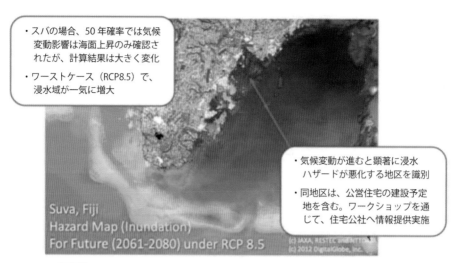

・スバの場合、50年確率では気候変動影響は海面上昇のみ確認されたが、計算結果は大きく変化
・ワーストケース（RCP8.5）で、浸水域が一気に増大

・気候変動が進むと顕著に浸水ハザードが悪化する地区を識別
・同地区は、公営住宅の建設予定地を含む。ワークショップを通じて、住宅公社へ情報提供実施

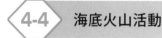 フィジー共和国の高潮による浸水域予測マップ [13]（出典：環境省）

るハザードマップ整備が行われました（図4-4）[13]。

　また、津波などによる災害監視、被災規模把握においては、陸域と冠水域を比較的天候の影響を受けずに観測できるSAR衛星が利用されています [14]。これにより、初動に必要な情報の提供や二次災害、三次災害のリスクを低下させることが可能となります。

## 4-4　海底火山活動

　2018年12月に噴火したインドネシアのアナク・クラカタウ島、2019年12月に噴火したニュージーランドのホワイト島、2023年12月現在も活発な噴火活動が続いている日本の西之島に代表されるように、近年海底火山の噴火が頻発しています。このような海底火山の噴火は、船舶や航空機の航行の障害となるだけでなく、時には人命に関わるため、その監視は極めて重要です。

　海底火山の主な監視項目 [15] としては、海底地形、地震、火山灰、火山ガス、変色水、火山温度などがあります。しかしこれらの調査はいずれも危険を伴うため、直接的な現地調査は難しく、RSによる調査が期待されています。

　海底火山の監視項目のうち、RSによる調査としては、衛星SARデータを使った火山島の地形解析 [16-17]、ヘリコプター、航空機、衛星に搭載した熱赤外センサー（サー

モグラフィー）を使った山体の温度解析[18-19]、「ASTER」に代表される衛星の赤外センサーを使った火山ガスである二酸化硫黄（$SO_2$）解析[19-20]、気象衛星の可視・赤外センサーなどによる噴煙解析[21]、航空機や衛星の可視センサーを使った火山性の変色水の解析[22-23]など、多岐にわたります。

　図4-5は、1年間以上噴火を続けている西之島をLandsat-8画像を使ってモニタリングした例です。これより、地形の変化や、噴煙、海色の変化などが読み取れます。

　また、記憶に新しいところでは、南硫黄島の北に位置する福徳岡ノ場海底火山の噴

| 2016年7月25日 | 2017年6月26日 | 2020年2月11日 |

（図4-5）Landsat 8画像による西之島の画像例

（図4-6）噴煙をあげる西之島（2023年10月4日）（出典：海上保安庁）

火により発生した漂流軽石は、衛星からもよく観察することができました。この漂流軽石は、沖縄東部沖にまで達しました。

　図4-7は、「GCOM-C」が撮影した漂流軽石画像の一例です。前述したように、海底火山活動の調査は危険を伴うため、RSによる調査が適しています。

　一方で、海底火山が存在する位置は、離島などが多く、検証のための現地調査データが極めて得にくい状況です。また、得られるとしても一部の公的機関のデータしかないため、公表までに時間がかかる、またはそもそも公表されないため学術的な検証

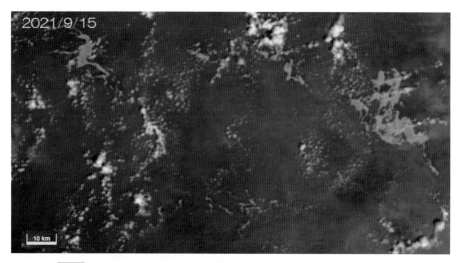

（図4-7）　GCOMC-C画像による沖縄東部沖に漂流する軽石画像例（筆者作成）

（図4-8）　福徳岡ノ場の新島と変色水の様子（2021年9月12日）（出典：海上保安庁）

がしにくいといった問題点もあります。西之島や口永良部島のような近年噴火が頻発している場所では、検証用データの取得サイトとそのデータを誰でも得られるようにするモニタリングスポットの存在が重要となるでしょう。

## 【参考文献】

[1] Komatsu T., Takahashi M., Ishida K., Suzuki T., Hiraishi T., Tameishi H.: Mapping of aquaculture facilities in Yamada Bay in Sanriku Coast, Japan, by IKONOS satellite imagery, Fisheries science, 68（sup1), 2002, pp.584-587.

[2] Szuster B. W., Steckler C., Kullavanijaya B.: Detecting and managing coastal fisheries and aquaculture gear using satellite radar imagery, Coastal Management, 36 (3), 2009, pp.318-329.

[3] Sugimoto M., Ouchi K., Nakamura Y.: Comprehensive contrast comparison of laver cultivation area extraction using parameters derived from polarimetric synthetic aperture radar data, Journal of Applied Remote Sensing, 7 (1), 073566, 2013.

[4] Murata H., Komatsu T., Yonezawa C.: Detection and discrimination of aquacultural facilities in Matsushima Bay, Japan, for integrated coastal zone management and marine spatial planning using full polarimetric L-band airborne synthetic aperture radar, International Journal of Remote Sensing, 40 (13), 2019, pp.5141-5157.

[5] Vanhellemont Q., Ruddick K.: Turbid wakes associated with offshore wind turbines observed with Landsat 8, Remote Sensing of Environment, 145, 2014, pp.105-115.

[6] Caballero I., Ruiz J., Navarro G.: Sentinel-2 satellites provide near-real time evaluation of catastrophic floods in the west mediterranean, Water, 11 (12), 2499p, 2019.

[7] 作野裕司：2019 年台風 19 号直後の衛星・現地データによる東京湾の濁度および重油の分布推定，土木学会論文集 B2（海岸工学），76 (2)，2020，pp. I_1381-I_1386.

[8] 浅野敏之，幸野淳一，佐藤孝夫，嶺泰宏：衛星画像データを用いた台風時波浪による汀線変化の解析，海岸工学論文集，47，2000，pp. 671-675.

[9] 浅野敏之，松元涼子，駒口友章，嶺泰宏，箕作幸治：衛星画像による志布志港周辺海域の長期海浜変形の解析，海洋開発論文集，18，2002，pp. 467-472.

[10] 田島芳満，望月翔平，舟竹祥太郎，祖父江真一，佐藤慎司 他：衛星データおよび砂粒子の熱ルミネッセンスの分析に基づくスリランカ西海岸における沿岸漂砂環境の解明，土木学会論文集 B2（海岸工学），67 (2)，2011，pp. I_631-I_635.

[11] 赤松空之，田島芳満，下園武範，佐藤慎司：海岸線モニタリングにおける合成開口レーダの適用性の分析，土木学会論文集 B2（海岸工学），73 (2)，2017，pp. I_1621-I_1626.

[12] 渡邊国広，加藤史訓，佐野滝雄：衛星 SAR 画像からの海岸線自動抽出の適用性と誤差要因の分析，土木学会論文集 B2（海岸工学），75 (2)，2019，pp. I_1285-I_1290.

[13] RESTEC，気候変動適応策の取組み〜島しょ国でのリモセン活用〜，https://www.restec.or.jp/pdf/02_env_RESTEC.pdf，（Accessed 2020.12.07)

[14] JAXA，陸域観測技術衛星「だいち」（ALOS）による東日本大震災の緊急観測結果，https://www.eorc.jaxa.jp/ALOS/img_up/jdis_pal_tohokueq_110313-18.htm，（Accessed 2020.12.07)

[15] 武尾実，大湊隆雄，前野深，篠原雅尚，馬場聖至，渡邉篤志，市原美恵，西田究，金子隆之，安田敦，杉岡裕子，浜野洋三，多田訓子，中野俊，吉本充宏，高木朗充，長岡優：西之島の地球物理観測と上陸調査，海洋理工学会誌，24 巻 1 号，2018.

［16］大野裕幸，野崎高義，大木真人：各種センサーの画像で見る西之島火山活動の変遷，写真測量とリモートセンシング，54（1），2015，pp. 46-51.

［17］Babu, Arun, Shashi Kumar: InSAR coherence and backscatter images based analysis for the Anak Krakatau volcano eruption, Multidisciplinary digital publishing institute proceedings, Vol.24, No. 1, 2019.

［18］井口正人，鍵山恒臣：薩摩硫黄島火山における空中赤外熱測定，薩摩硫黄島火山・口永良部島火山の集中総合観測，京都大学防災研究所附属火山活動研究センター，2002，pp. 43-50.

［19］高木朗充，長岡優，福井敬一，安藤忍，木村一洋，土山博昭：2013-2015 年西之島噴火のモニタリングに関する研究，気象研究所技術報告，78．DOI:10.11483/mritechrepo.78, 2017.

［20］浦井稔：衛星搭載型熱赤外線センサーによる火山活動，リモートセンシングの応用・解析技術（中山裕則・杉村俊郎監修，第 7 章，第 1 節），株式会社エヌ・ティー・エス，2019.

［21］Kaneko T., Maeno F., Yasuda A., Takeo M., Takasaki K.: The 2017 Nishinoshima eruption: combined analysis using Himawari-8 and multiple high-resolution satellite images, Earth, Planets and Space, 71（1），2015, pp. 1-18.

［22］福島資介，佐藤寛和，大谷康夫：ランドサットデータによる火山性変色水の調査，1981.

［23］渡辺一樹：海域火山周辺における変色水の色の RGB 値と化学組成の比較，海洋情報部研究報告－Report of hydrographic and oceanographic researches, (52), 2015, pp. 49-55.

# 第5章 海の衛星リモートセンシングセンサー

第1～4章で述べてきた海の課題に対するリモートセンシング（RS）の内容をまとめると、表5-1のようになります。主観的な判断ではありますが、◎が最重要、○が重要、空欄は通常はあまり使われない衛星センサーを表します。

(表5-1) 海における解決すべき課題と利用衛星センサーの関係

| 課題カテゴリー | | 衛星センサー | | | | | | | | |
|---|---|---|---|---|---|---|---|---|---|---|
| | | 水温 | 海色(可視) | 海氷 | 塩分 | 海洋気象 | 測位 | 海面高度 | 高解像度 | SAR |
| 1 | 海洋温暖化 | ◎ | ○ | ◎ | | ○ | | ◎ | | |
| | 赤潮・青潮 | ○ | ◎ | | △ | △ | | | △ | |
| | 生物多様性の保全 | | | | | | | | | |
| | 海洋プラスチック | | ◎ | | | △ | | | ◎ | |
| | 流れ藻 | △ | ○ | | | ○ | △ | | ○ | |
| 2 | 資源管理型漁業 | ◎ | ◎ | | ○ | ○ | ○ | ○ | | |
| | IUU漁業 | | ○ | | | | ◎ | | | ◎ |
| | 養殖業・沿岸漁業 | ◎ | ○ | | ○ | ○ | ○ | | ○ | ○ |
| 3 | 海洋油汚染 | | | | | | | | ○ | ◎ |
| | 自然エネルギー | ○ | | | | ◎ | | | | |
| | 環境アセスメント | ◎ | ◎ | ○ | | ◎ | | | | |
| 4 | 風水害 | | ○ | | | | | | ◎ | ◎ |
| | 海岸侵食 | | △ | | | | | | ◎ | ◎ |
| | 津波・高潮 | | | | | | | | ◎ | ◎ |
| | 海底火山 | ◎ | ◎ | | | ○ | | | ○ | ◎ |

(図5-1) 流れ藻（左）、高潮（中）、養殖（左）

大雑把に評価すると、カテゴリー1（環境）、カテゴリー2（水産）は水温・海色系のセンサー、カテゴリー3（資源・エネルギー）は海洋気象・合成開口レーダー（SAR）系のセンサー、カテゴリー4（災害・国土管理）では高解像度・SAR系のセンサーが多く使われていることになります。

　このような関係を頭に入れながら、本章では、これらのセンサーについて、説明していきましょう。

## 5-1　海を観測する衛星の種類

　本書の冒頭でRSの意味について説明しましたが、ここでは、海の衛星を知る前にまず衛星全般でどのような種類のRSがあるかについて紹介したいと思います。具体的には「高度によるRSの種類」「軌道によるRSの種類」「波長帯によるRSの種類」の3つについてそれぞれ、以下に説明していきます。

### (1) 高度によるリモートセンシングの種類

　図5-2に、さまざまな高度からのRSの種類を示します。下方から気球やドローン、航空機、そして人工衛星を使ったRSとなります。このようなRSのためのセンサーを搭載する飛行体のことを「プラットフォーム」と呼びます。

　一般にプラットフォームに同じ性能のカメラ（またはセンサー）を載せた場合、高度が高ければ、より広範囲の領域を撮影することができる一方、解像度が悪く（画像が不鮮明に）なります。逆に、高度が低ければ解像度が良く（画像が鮮明に）なる一方、広範囲の領域を撮影することはできません。このように両者には一長一短があり、用途により使い分けられます。

　海の現象のように、解像度が多少低くても広い範囲の現象（植物プランクトン濃度や懸濁物質濃度の分布）を繰り返し知ることが重要な場合は、より高高度のプラットフォームが選択されます。

　逆に、サンゴ礁や藻場地帯のように、観測幅が多少狭くても高解像度の情報を得ることが重要な場合は、より低高度のプラットフォームが選択されます。

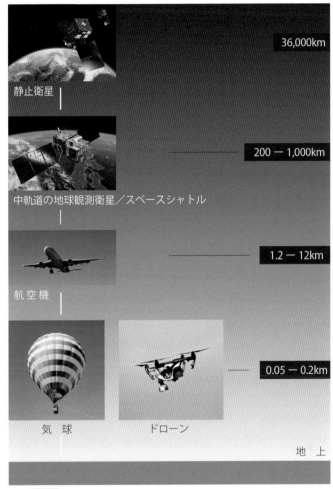

静止衛星

36,000km

中軌道の地球観測衛星／スペースシャトル

200 — 1,000km

航空機

1.2 — 12km

0.05 — 0.2km

気球　　　　　ドローン

地上

（図5-2）リモートセンシングのプラットフォームと高度の関係

## （2）軌道によるリモートセンシングの種類

　衛星の軌道は静止軌道から準天頂軌道までさまざまなものがあります。地球観測衛星でよく使われるものとして、図5-3のように赤道上空の高度約36,000kmを24時間で周回する「静止軌道」と、高度600km～800kmの上空を北極から南極の方向へ周回する「極軌道」があります。

　静止軌道は地球の自転と同じ周期で回るため、地上から見ると静止しているように見えます。時々刻々の天気の移り変わりを観測する気象衛星には静止軌道が適しています。より高解像度な画像を取得したい場合には、静止軌道よりも高度の低い極軌道が適しています。

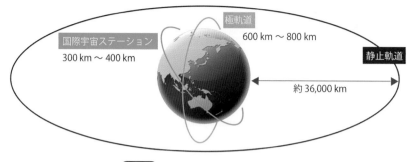

（図 5-3）さまざまな軌道を通る衛星

　極軌道衛星の場合、軌道と観測幅にもよりますが、1日1回から、高解像度センサーでは1〜2週間に1回の観測しかできないこともあります。ちなみに、米国の有人宇宙船として長く有名であったスペースシャトルや現在も稼働中の国際宇宙ステーション（ISS）は、図のように極軌道より少し低い300km〜400kmの高度を周回する軌道が設定されています。

## （3）波長帯によるリモートセンシングの種類

　前項ではRSを衛星高度により種類分けをしましたが、今度は利用する波長帯と受動型・能動型の違いからRSセンサーの種類分けをします。図5-4と表5-2に示すように、RSは利用する波長帯によって、大きく3つのタイプに分類することができます。すなわち、「可視・近赤外RS」、「熱赤外RS」、そして「マイクロ波RS」です。

　このうち、「可視・近赤外RS」は太陽（またはレーザー）の反射光をセンサーで観測する方法で、デジタルカメラによる空中写真が代表例です。

　また、「熱赤外RS」は、物体からの放射を観測する方法で、サーモグラフィーの原理を利用した水温測定が代表例です。一方、「マイクロ波RS」は物体から放射されるマイクロ波を観測する原理を利用した、海上風速、海氷密接度の測定が代表例です。これらの測定には、太陽光からの可視光の反射や物体からの赤外線またはマイクロ波の放射を測定する受動型のセンサー（放射計）が利用されます。

　一方で、センサー自らが発出した可視光やマイクロ波が物体に反射して戻ってくることを利用する能動型のセンサーも存在します。可視光や赤外線では、レーザーを利用して氷の高さなどを測定するレーザー高度計や、大気中のエアロゾルの高さ方向の分布を測定するライダーが利用されています。

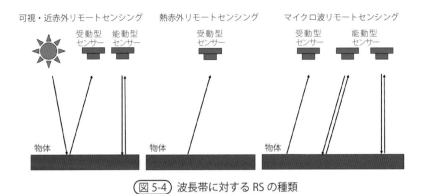

可視・近赤外リモートセンシング　　熱赤外リモートセンシング　　マイクロ波リモートセンシング

(図 5-4) 波長帯に対する RS の種類

(表 5-2) 波長帯に対するセンサーの種類 [1]

| 名　称 | | 波長範囲 | 周波数範囲 |
|---|---|---|---|
| 紫外線 | | 10nm~0.4μm | 750~3000THz |
| 可視光線 | | 0.4~0.7μm | 430~750THz |
| 赤外線 | 近赤外 | 0.7~1.3μm | 230~430THz |
| | 短波長赤外 | 1.3~3μm | 100~230THz |
| | 中間赤外 | 3~8μm | 38~100THz |
| | 熱赤外 | 8~14μm | 22~38THz |
| | 遠赤外 | 14μm~1mm | 0.3~22THz |
| 電　波 | マイクロ波 | 1mm~1m | 30~3GHz |

　また能動型のマイクロ波センサーでは、海面からのマイクロ波の反射時間から海面の高さを測定する海面高度計、海表面でのマイクロ波の散乱から海上の風向風速の測定する散乱計、より高解像度の凸凹から海面に存在する船舶や重油などを検知するSARなどが利用されています。

## 5-2　海を観測する衛星センサー

　ここでは、海洋観測が可能な衛星センサーとその観測対象について5つのカテゴリー（1 水温、2 海色、3 海氷・海上気象［海上風・降水］・塩分、4 測位・海面高度、5 可視高解像度・SAR）に分けて紹介します。

## （1）水温を測るセンサー

### ① 観測のしくみ

　温度を電磁波を使って測定するセンサーは、「すべての物体は、その物体の温度に相応した波長分布の電磁波を放射している」という前提にたっています。具体的には図 5-5 のような温度と分光放射エネルギー（これが衛星から観測される値です）の関係を利用しています。たとえば、太陽の温度は 6,000K（約 5,730℃）程度ですので、0.5 $\mu$m 付近（可視光）で最大となるような電磁波を放射しています。一方、海の水温は 270 〜 300K（約 0 〜 30℃）程度ですから、8 〜 12$\mu$m 付近（熱赤外）で最大となるような電磁波を放射しています。

　海面水温を観測する衛星センサーは、大きく分けて熱赤外センサーとマイクロ波センサーの 2 種類が挙げられます。熱赤外センサーは熱赤外線の放射エネルギーを、マイクロ波センサーはマイクロ波の放射エネルギーを測ります。観測された放射エネルギーを温度に変換して表面水温を推定します。熱赤外センサーの良いところは空間の解像度が高い、観測精度がよい点です。ただし、雲がある場合には海表面を観測できないことがあります。一方、マイクロ波は雲の影響を受けにくいため、解像度はやや低く観測精度も落ちますが毎日観測することができます。

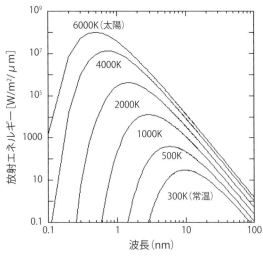

図 5-5 温度と分光放射エネルギーの関係
（筆者作成）

### ② 水温センサーの種類

　表 5-3 に、主要な衛星水温センサーの性能一覧を示します。時間解像度、空間解像度は、それぞれ 1 日程度、1km 程度のセンサーが多くなっています。極軌道の熱赤外センサーは空間解像度（1km 程度）と観測精度が良いですが、雲がある場合には観測できません。

　一方、マイクロ波のセンサーは空間解像度（30km 程度）が劣りますが、雲の影響を受けにくいため、常時モニタリングが可能です。静止軌道の衛星「GOES」「Meteosat」「ひまわり」による観測は、時間解像度は数分〜 15 分に 1 回のデータ取

表 5-3 主要な衛星水温センサー性能一覧

| No. | 衛星 | センサー | 時間解像度 | 空間解像度 | 観測開始年 | 軌道 | センサー種 | 開発機関 |
|---|---|---|---|---|---|---|---|---|
| 1 | Terra | MODIS | 1日 | 1km | 1999 | 極軌道 | 熱赤外 | NASA |
| 2 | Aqua | MODIS | 1日 | 1km | 2002 | 極軌道 | 熱赤外 | NASA |
| 3 | Aqua | AMSR-E | 2回/日 | 30km | 2002 | 極軌道 | マイクロ波 | NASA |
| 4 | Meteosat-8 | SEVIRI | 15分 | 3km | 2005 | 静止軌道 | 熱赤外 | ESA |
| 5 | NOAA | AVHRR/2 | 2回/日 | 1.1km | 2009 | 極軌道 | 熱赤外 | NOAA |
| 6 | GOES | GEOS Imager | 30分 | 1km | 2010 | 静止軌道 | 熱赤外 | NOAA |
| 7 | Suomi/NPP | VIIRS | 1日 | 750m | 2011 | 極軌道 | 熱赤外 | NASA/NOAA |
| 8 | GCOM-W | AMSR2 | 2回/日 | 30km | 2012 | 極軌道 | マイクロ波 | JAXA |
| 9 | Landsat-8 | TIRS | 16日 | 100m | 2013 | 極軌道 | 熱赤外 | JAXA |
| 10 | Meteosat-11 | SEVIRI | 15分 | 3km | 2015 | 静止軌道 | 熱赤外 | ESA |
| 11 | Himawari-8,9 | AHI | 10分 | 2km | 2016 | 静止軌道 | 熱赤外 | JMA |
| 12 | JPSS-1/NOAA-20 | VIIRS | 1日 | 750m | 2017 | 極軌道 | 熱赤外 | NOAA |
| 13 | GCOM-C | SGLI | 2日 | 250m | 2017 | 極軌道 | 熱赤外 | JAXA |
| 14 | MetOp | AVHRR/3 | 2回/日 | 1.1km | 2018 | 極軌道 | 熱赤外 | ESA |
| 15 | GOES-16,17 | ABI | 15分 | 2km | 2018 | 静止軌道 | 熱赤外 | NOAA |

\*NASA: National Aeronautics and Space Administration, NOAA: National Oceanic and Atmospheric Administration, ESA: The European Space Agency, JAXA: Japan Aerospace Exploration Agency, JMA: Japan Meteorological Agency

得が可能なため観測頻度が高いですが、空間解像度と観測精度が極軌道の熱赤外センサーと比べて劣ります。

　その他、「Landsat-8」の TIRS のような高解像度センサー（100m 解像度）を使った観測もありますが、観測頻度の悪さ（16 日程度に 1 回）という欠点があります。

## (2) 海色を測るセンサー

### ① 観測のしくみ

　一般に海の色（海色）は植物プランクトン量に大きく影響されます。この性質を利用して衛星が観測した可視光線の分光特性を解析することにより、植物プランクトン量を推定することが可能となっています。

　植物プランクトン量が異なるさまざまな海域で、海中から上がってくる光の強さを波長ごとに計測すると、図 5-6 のような分光反射率が得られます。すべての植物プランクトンにはクロロフィル a（Chl-a）とよばれる光合成色素が含まれています。

　クロロフィル a を持つ植物プランクトンは 440nm 付近の光を吸収し、逆に 500 ～

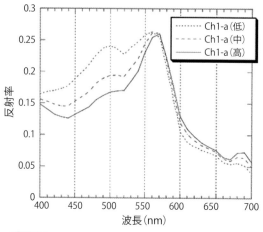

図5-6 Chl-a の違いによると分光反射率の違い [2]

600nm 付近の光がプランクトン粒子に散乱されるので、植物プランクトンの少ない海は青く、植物プランクトンが多くなるにつれて、徐々に緑から褐色に見えるようになります。

このような性質から 440nm 付近と 550nm 付近の反射率比または差を計算することにより、人工衛星の可視光センサーから表面水中のクロロフィル a、つまり植物プランクトン量を推定することが可能となります。

外洋では衛星から得られるクロロフィル a と現場で測定されたクロロフィル a との相関が極めて高くなります。しかし沿岸では、クロロフィル a の吸収帯と同じような波長に、無機懸濁物質や有機物質の散乱や吸収が重なりあうため、両者の強い相関関係が成り立たなくなり、植物プランクトン量の誤差が大きくなるのが問題です。

そこで、無機懸濁物質や有機物質の量も含めて、推定する手法の開発が進んでいます。可視光線を測定するセンサーとしては、海色センサー以外に主に陸上の観測のために多くの高解像度のセンサーが打ち上げられています。

これらのセンサーは植物プランクトンのような水中の物質を検知するには、感度や波長特性、観測頻度が充分でない場合が多いのですが、海底や藻場・干潟などを観測するために利用されています。

## ②　海色センサーの種類

表5-4 に、主要な衛星海色センサーの性能一覧を示します。時間解像度と空間解像度は、これまでは水温と同様に、1 日程度、1km 程度のセンサーが大半でした。現在は空間解像度では GCOM-C の 250m や Sentinel-3 の 300m が主流になりつつあります。

Sentinel-3 は A と B の 2 機体制で時間解像度を上げています。また、COMS、KOMPSAT-2 といった、韓国の静止衛星に海色センサー GOCI、GOCI2 が搭載され、時間解像度が 1 時間程度と短いセンサーも登場しつつあります。

「ひまわり」は時間解像度が最も短いのですが、気象衛星のために海色専門のセンサーと比較して感度等が充分ではなく、JAXA によってクロロフィル a データが配布

されていますが、その精度は高くありません。

その他、表では示しませんが Landsat-8 OLI や Sentinel-2 MSI のような高解像度センサー（10 〜 30m 解像度）を使う観測も試みられていますが、これらのセンサーも感度が高くないうえに、観測頻度の低さ（10 日〜 2 週間程度）も問題です。

## （3）海氷を測るセンサー

### ① 観測のしくみ

一口に海氷を衛星で観測するといっても、氷の面積や厚さ、動きなどさまざまな対象項目がありますが、代表的な衛星海氷観測項目として「海氷密接度」が挙げられます。「海氷密接度」とは、海面における海氷が占める割合のことをいいます。海氷は白いために、可視域のセンサーで観測すればよいと思うかもしれませんが、実際には大気や雲の影響を受けずに確実に測定できる、マイクロ波のセンサー（マイクロ波放射計）を利用することが多くなっています。

海氷密接度観測のしくみは、マイクロ波領域では、水の放射率（約 0.5）と氷の放射率（約 0.9）が大きく異なることを利用します。衛星が観測する輝度温度は海面の温度に放射率を掛け合わせた値であり、その輝度温度はその海氷域において氷が占め

（表 5-4）主要な衛星海色センサー性能一覧

| No. | 衛　星 | センサー | 時間解像度 | 空間解像度 | 観測開始年 | 軌　道 | センサー種 | 開発機関 |
|---|---|---|---|---|---|---|---|---|
| 1 | Terra | MODIS | 1 日 | 1km | 1999 | 極軌道 | 光学 | NASA |
| 2 | Aqua | MODIS | 1 日 | 1km | 2002 | 極軌道 | 光学 | NASA |
| 3 | NPP | VIIRS | 1 日 | 375m | 2012 | 極軌道 | 光学 | NASA |
| 4 | Sentinel-3A | OLCI | 2 日 | 300m | 2016 | 極軌道 | 光学 | ESA |
| 5 | JPSS-1 (NOAA-20) | VIIRS | 1 日 | 375m | 2017 | 極軌道 | 光学 | NOAA |
| 6 | GCOM-C | SGLI | 2 日 | 250m | 2017 | 極軌道 | 光学 | JAXA |
| 7 | Sentinel-3B | OLCI | 2 日 | 300m | 2018 | 極軌道 | 光学 | ESA |
| 8 | ICESat-2 | ATLAS | 91 日 | 15m | 2018 | 極軌道 | 光学 | NASA |
| 9 | GK-2B | GOCI2 | 10 回／日 | 250m | 2020 | 静止軌道 | 光学 | KARI |

*NASA: National Aeronautics and Space Administration, NOAA: National Oceanic and Atmospheric Administration, ESA: The European Space Agency, JAXA: Japan Aerospace Exploration Agency, KARI：Korea Aerospace Research Institute

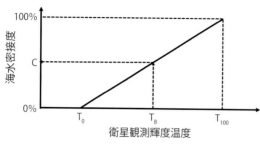

図 5-7 衛星による海氷密接度観測のしくみ
（文献［3］の図を一部改変）

る割合に対応すると考えると海氷密接度を計算できます[3]。

　たとえば、図 5-7 に示すように衛星によって観測された海氷密接度 0%、100% の時の衛星観測輝度温度をそれぞれ $T_0$、$T_{100}$ として、測定したい海氷域の衛星輝度温度を TB とすると、海氷密接度はグラフより C% と読みとれます。

## ②　海氷センサーの種類

　表 5-5 に、主要な衛星海氷センサーの性能一覧を示します。海氷観測に関係する最近の衛星は 11 機あり、Sentinel-3 シリーズには同一機に受動型光学センサーと能動型マイクロ波センサーを搭載しているため、センサーの総数は 13 機です。

　時間解像度、空間解像度については、受動型センサーは時間解像度が 1 日程度で、空間解像度は光学センサーが 250m 〜 1km 程度、マイクロ波センサーは 5 〜 36km 程度です。

　また、能動型センサーについては、空間解像度は光学（ICESat-2 の ATLAS）・マイクロ波（Cryosat-2 の SIRAL-2 と Sentinel-3B の SRAL）のどちらも 150 〜 380m 程度と受動型の高分解能側と同程度ですが、観測幅が限られるため、時間解像度は 30 〜 91 日程度と受動型に比べて大変長くなっています。

　能動型は、観測頻度が少ない欠点がありますが、高さ方向（海氷上の積雪深も含めた海氷高）の情報が得られるという利点があり、受動型センサーと併用することで、海氷の収束域・発散域の特定、長期的な薄氷化の検出等、海氷動態をより詳細に把握することが可能です。

図 5-8　海　氷

## (4) 海上風を測るセンサー

### ① 観測のしくみ

　海面上の風向・風速の観測には、マイクロ波散乱計とよばれる主に能動センサーが使われます。海面の波には、その波長により表面波とさざ波がありますが、このさざ波が風向・風速と強い相関を持っています[4]。

　図5-9左に示すように、マイクロ波を海面に照射したとき、海面に波がない場合、鏡面反射し海面にさざ波などがある場合、後方散乱がおきます。波の形は風速によって変化するため、風速によって後方散乱の強さが変わります。

（表5-5）主要な衛星海氷センサー性能一覧

| No. | 衛　星 | センサー | 時間解像度 | 空間解像度 | 観測開始年 | 軌　道 | センサー種 | 開発機関 |
|---|---|---|---|---|---|---|---|---|
| 1 | Terra | MODIS | 1日 | 1km | 1999 | 極軌道 | 光学（受動型：可視−熱赤外） | NASA |
| 2 | Aqua | MODIS | 1日 | 1km | 2002 | 極軌道 | 光学（受動型：可視−熱赤外） | NASA |
| 3 | DMSP | SSMIS | 2回/日 | 36km | 2003 | 極軌道 | マイクロ波（受動型） | DOD |
| 4 | Cryosat-2 | SIRAL-2 | 30日 | 380m | 2010 | 極軌道 | マイクロ波（能動型） | ESA |
| 5 | NPP | VIIRS | 1日 | 375m | 2012 | 極軌道 | 光学（受動型：可視−熱赤外） | NASA |
| 6 | GCOM-W | AMSR2 | 2回/日 | 5km | 2012 | 極軌道 | マイクロ波（受動型） | JAXA |
| 7 | Sentinel-3A | SLSTR | 2回/日 | 1km | 2016 | 極軌道 | 光学（受動型：可視−熱赤外） | ESA |
| | | SRAL | 60日 | 30m | | | マイクロ波（能動型:SAR高度計） | ESA |
| 8 | JPSS-1（NOAA-20） | VIIRS | 1日 | 375m | 2017 | 極軌道 | 光学（受動型：可視−熱赤外） | NOAA |
| 9 | GCOM-C | SGLI | 1日 | 250m | 2017 | 極軌道 | 光学（受動型：可視−熱赤外） | JAXA |
| 10 | Sentinel-3B | SLSTR | 2回/日 | 1km | 2018 | 極軌道 | 光学（受動型：可視−熱赤外） | ESA |
| | | SRAL | 60日 | 30m | | | マイクロ波（能動型:SAR高度計） | ESA |
| 11 | ICESat-2 | ATLAS | 91日 | 15m | 2018 | 極軌道 | 光学（能動型：レーザ高度計） | NASA |

*NASA: National Aeronautics and Space Administration, NOAA: National Oceanic and Atmospheric Administration, ESA: The European Space Agency, JAXA: Japan Aerospace Exploration Agency, DOD : U.S. Department of Defense

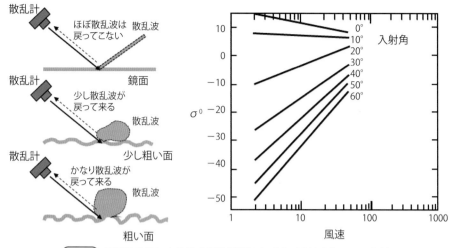

散乱計　ほぼ散乱波は　散乱波
　　　　戻ってこない

鏡面

散乱計　少し散乱波が
　　　　戻って来る

散乱波

少し粗い面

散乱計　かなり散乱波が
　　　　戻って来る

散乱波

粗い面

$\sigma^0$

入射角
0°
10°
20°
30°
40°
50°
60°

風速

（図5-9）衛星散乱計による海上風速観測のしくみ（文献［4］の図を改変）

　図5-9右に示すように衛星から得られるマイクロ波の後方散乱断面積$\sigma^0$から風速を求めることができます。また、衛星から3方向のマイクロ波を海面に照射することによって、風向も求めることができます。

　風速によって海面からのマイクロ波の放射は変わるので、能動型センサーだけでなく、受動型マイクロ波放射計からも求めることができます。

### ②　海上風センサーの種類

　表5-6に、主要な衛星海上風センサーの性能一覧を示します。海上風に関する衛星センサーは、マイクロ波放射計とマイクロ波散乱計、そして GNSS（Global Navigation Satellite System）反射波を利用したセンサーに分類されます。

　最も古くから駆動しているセンサーはマイクロ波放射計の SSM/I（Special Sensor Microwave/Imager）、SSMI/S（Special Sensor Microwave Imager/Sounder）であり、DMSP（Defense Meteorological Satellite Program）シリーズの衛星により現在まで運用されています。

　また、日本の「しずく」（GCOM-W）の AMSR2 でも風速が測定されています。マイクロ波散乱計は、能動センサーで海上風速に加えて風向の観測が可能である点が特長で、ASCAT（Advanced SCATterometer）シリーズが 2006 年から現在まで運用されています。これらのセンサーの時空間解像度は 50km ～ 25km で、時間解像度は 2 回 / 日となっています。

　最も新しい手法として GNSS 反射波を用いる CYGNSS（Cyclone Global

表5-6 主要な衛星海上風センサー性能一覧

| No. | 衛　星 | センサー | 時間解像度 | 空間解像度 | 観測開始年 | 軌　道 | センサー種 | 開発機関 |
|---|---|---|---|---|---|---|---|---|
| 1 | DMPS シリーズ | SSM/I,<br>SSMI/S | 2回/日 | 50km | 1988 | 極軌道 | マイクロ波<br>放射計 | DOD |
| 2 | Coriolis | WindSat | 2回/日 | 25km | 2003 | 極軌道 | マイクロ波<br>放射計 | NRL |
| 3 | MetOp-A, B, C<br>(or シリーズ) | ASCAT | 2回/日 | 25km | 2006 | 極軌道 | マイクロ波<br>散乱計 | ESA |
| 4 | GCOM-W | AMSR2 | 2回/日 | 25km | 2012 | 極軌道 | マイクロ波<br>放射計 | JAXA |
| 5 | GPM | GMI | 2回/日 | 25km | 2014 | 極軌道 | マイクロ波<br>放射計 | JAXA |
| 6 | CYGNSS | CYGNSS | 4回/日 | 25km | 2016 | 極軌道 | GNSS 反射波 | MU,<br>NASA |

*NASA: National Aeronautics and Space Administration, ESA: The European Space Agency, JAXA: Japan Aerospace Exploration Agency, DOD：U.S. Department of Defense, NRL：Naval Research Laboratory, MU：University of Michigan

Navigation Satellite System）があります。CYGNSS衛星は、GPSなどに利用される世界中の GNSS 衛星からの信号の海面反射波を 8 機の小型衛星により受信するというユニークな手法により、平均で 6 時間ごとの観測を実現していますが、いまのところマイクロ波放射計や散乱計ほどの精度はありません。


## (5) 海面塩分を測るセンサー

### ① 観測のしくみ

　衛星による海面塩分観測は、衛星マイクロ波センサーが観測するある波長の温度（輝度温度）が塩分（実際には比誘電率または電気伝導度）に依存するという性質を利用して行われています。ここで「ある波長」とは、海面輝度温度への温度依存性が比較的小さい 1.4GHz 近傍の周波数帯がよく用いられます。

　つまり図 5-10 に示すように、この付近の海面の輝度温度を衛星から測定すれば、原理的には塩分を測定できることになります。ただし、衛星で捉えられるこの波長のマイクロ波のエネルギーは微小であるため、高解像度化は難しいといわれています。

　最近では、このような欠点を克服するために、光学センサーを使った沿岸域における高解像度の塩分観測が試みられています [5]。沿岸域では河川水が海に流出すると、河口の海水が希釈されて塩分が低くなります。この現象を利用して、河川に含まれ、

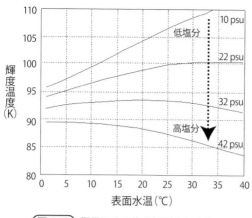

図 5-10 衛星による塩分観測のしくみ
（文献 [4] を一部改変）

近紫外から可視の青色の光を吸収する性質を持つ有色溶存有機物（CDOM）をトレーサーにして塩分を間接的に求めるという方法です。この手法には、植物プランクトンを求めるための海色センサーが利用されています。

### ② 海面塩分センサーの種類

表 5-7 に、主要な衛星海面塩分センサーの性能一覧を示します。海面塩分に関する観測の歴史はかなり新しく、2009 年に欧州の「SMOS」から開始され、その後、米国の Aquarius 衛星、そして「SMAP」ミッションに繋がっています。いずれも L バンドのマイクロ波放射計で、空間解像度は 150km 〜 50km 程度、時間解像度は 0.5 日となっています。

　L バンドのセンサーはアンテナサイズがネックとなり高解像度化は困難ですが、将来的にはメソからサブメソスケール現象を解像することが可能な 50km を超えるセンサーが期待されます。

表 5-7 稼働中の主要な衛星海面塩分センサー性能一覧

| No. | 衛 星 | センサー | 時間解像度 | 空間解像度 | 観測開始年 | 軌　道 | センサー種 | 開発機関 |
|---|---|---|---|---|---|---|---|---|
| 1 | SMOS | MIRAS | 2 回 / 日 | 50km | 2009 | 極軌道 | マイクロ波放射計 | ESA |
| 2 | SAC-D | Aquarius | 2 回 / 日 | 150km | 2011 | 極軌道 | マイクロ波放射計 | NASA |
| 3 | SMAP | SMAP | 2 回 / 日 | 60-70km | 2015 | 極軌道 | マイクロ波放射計 | NASA |

*NASA: National Aeronautics and Space Administration, ESA: The European Space Agency

## （6）海面高度を測るセンサー

### ① 観測のしくみ

　船の上からは海を眺めると一見平坦でなめらかに見えますが、実はさまざまな要因で表面は凸凹しています。この凸凹を数値化したものが海面高度です。地球物理学では、流体である海を含めた地球の理想的な形を「ジオイド」といい、これを解析の基準としています。

　ジオイドは平均海水面（平均的な海水面の高さで、潮汐や風等によって変化する海

水面の一定期間の平均値）と一致す
るものと定義しています。しかし、
実際の海は海底地形や海流、水塊（暖
水塊など、水温や塩分など特徴が同
じ水の塊）分布などの影響で局所的
に凸凹が生じてジオイドとの差が生
まれます。この凸凹は、海水の密度
の空間分布による表層の海流に関係
しており、ここから地衡流とよばれ
る海流を推定できます[6]。

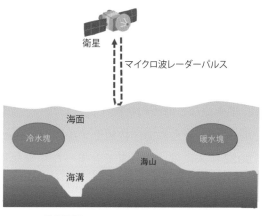

**図 5-11** 海面高度計の計測イメージ

　海面高度計はこの凸凹をセンチ
メートル単位の精度で計測することができます。海面高度計は能動センサーに分類され、センサー自体からマイクロ波のパルスを送信し、海面での反射波がセンサーに戻るまでの時間を計測することで、衛星と海面との正確な距離を把握し、そこから海面高度を計算します（図 5-11）。

## ② 海面高度センサーの種類

　表 5-8 に、主要な衛星海面高度センサーの性能一覧を示します。海面高度に関する観測の歴史は、1970 年から始まり、継続して衛星が打ち上げられています。これまでに運用されてきた海面高度計は、原理のところで説明したとおり、衛星から射出さ

**表 5-8** 主要な衛星海面高度センサー性能一覧

| No. | 衛　星 | センサー | 時間解像度 | 空間解像度 | 観測開始年 | 軌　道 | センサー種 | 開発機関 |
|---|---|---|---|---|---|---|---|---|
| 1 | Cryosat シリーズ | SIRAL | 30 日 | 250m | 2010 | 極軌道 | マイクロ波（アクティブ） | ESA |
| 2 | JASON シリーズ (1-3) | Poseidon | 10 日 (2, 3) | 6km | 2001 | 極軌道 | マイクロ波（アクティブ） | US, CNES |
| 3 | CFOSAT | SWIM | 13 日 | 20m 180km | 2018 | 極軌道 | マイクロ波（アクティブ） | CNES |
| 4 | Sentinel-6 | SRAL | 30 日 | 300m-20km | 2020 | 極軌道 | マイクロ波（アクティブ） | ESA, NASA |
| 5 | SWOT | KaRln | 21 日 | 50m(Land), 1km(Ocean) | 2023 | 極軌道 | マイクロ波（アクティブ） | NASA |

*NASA: National Aeronautics and Space Administration, ESA: The European Space Agency, US: United States, CNES: Centre national d'études spatiales

れたマイクロ波の反射波を観測するため、衛星が通過した直下しか観測できず、その
データは線的なものでした。そのため、複数の衛星が観測したデータを空間的に補完
することでマップデータを作成しています。

　海面高度計で推定された海面高度は、温暖化による海面の変化を調べるだけではな
く、地衡流など海流の状況を把握したり、海に存在するさまざまな大きさの渦の分布
を調べたり、さらに海洋数値モデルに取り込んで将来予測に利用されたりしています。

　2022年末には、これまでとまったく異なる原理の合成開口レーダー（SAR）干渉
計「SWOT」が打ち上げられ、海洋だけでなく陸水を含めて線のデータではなく、
100m程度の幅をもった面データとして海面高度の観測が開始されています。

## 5-3　海の時空間スケールと衛星センサーの関係

　衛星データからさまざまな海洋物理量が測定できることを説明してきましたが、私
たちが知りたい海の現象に対して、現状の海洋観測衛星が十分な性能を持っているか
について検証しておくことは、次世代の海の現象を解明する衛星センサー開発のため
には、極めて重要です。

　そこで、ここでは水温と海色のセンサーを例にとり、海洋観測衛星の「時空間解像
度」と「海洋物理量精度」の概略と将来展望について簡単に説明します。

### （1）時空間解像度

　図5-12は、これまで説明してきた水温センサーと海色センサーの時間解像度と空
間解像度の散布図です。一般に将来センサーは左下（高解像度かつ高時間解像度）を
目指して開発されると考えると、水温と海色の衛星センサーは現在、1km解像度で
1日周期くらいですから、将来は水温・海色とも100m解像度で1日周期以上の解像
度のセンサーが望まれます。

　また、図には示しませんが、海氷と海上風のセンサーは現状、沿岸の解析（目安
として1km解像度・1日周期より優れた性能）は難しく、将来は海氷と海上風とも
1日周期で、かつ海氷では100mより細かい解像度、海上風では10km（可能なら数
km）より細かい解像度のセンサー（可能な限り風速だけでなく、風向も含む）が望
まれます。

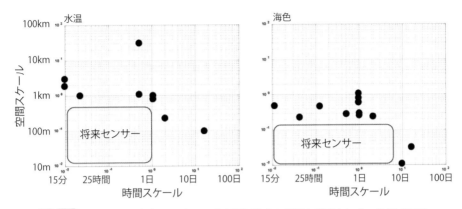

（図5-12）衛星水温・海色センサーの時空間解像度の関係と将来センサー性能の目安

　さらに、海面塩分と海面高度のセンサーも現状、沿岸の解析は難しく、海面塩分と海面高度とも 1 日周期、10km より優れた解像度のセンサーが望まれます。

## （2）海洋物理量精度

　表 5-9 は、衛星による主要な海洋物理量の標準精度の一覧を示します。ここまで説明してきたように、海を観測する衛星にはさまざまな種類のセンサーが搭載され打ち

（表 5-9）稼働中の衛星センサーによる主要な海洋物理量の標準精度一覧

| 物理量 | プロダクト | 略号 | 標準精度 | 観測周期 | 解像度 | 衛星 / センサー |
|---|---|---|---|---|---|---|
| 水温 | 海面水温（熱赤外） | SST | 0.8K | 2 日 | 250m | GCOM-C/SGLI |
| | 海面水温（マイクロ波） | | ± 0.5deg.C | ― | 50km | GCOM-W/AMSR2 |
| 海色 | クロロフィル a 濃度 | Chla | -60~+150% | 2 日 | 250m | GCOM-C/SGLI |
| | 縣濁物質濃度 | TSM | -60~+150% | 2 日 | | |
| | 有色溶存有機物吸光計数 | CDOM | 15%（10km/ 月） | 2 日 | | |
| 海氷 | 積雪・海氷分布（可視） | SICE | 7% | 2 日 | 250m | GCOM-C/SGLI |
| | 雪氷面温度（熱赤外） | SIST | 2K | 2 日 | 500m | |
| | 海氷密接度（マイクロ波） | SIC | ± 10% | ― | 15km | GCOM-W/AMSR2 |
| 海洋気象 | 海上風速（放射計） | SSW | ± 1.0m/s | ― | 15km | GCOM-W/AMSR2 |
| | 海上風向・風速（散乱計） | | 2m/s, 20deg. | 1 日 | 25km | MetOp-A, B/ASCAT |
| | 降水量 | PR | ± 50% | ― | 15km | GCOM-W/AMSR2 |
| 塩分 | 海面塩分 | SSS | 0.2psu（32-37psu） | 1 カ月 | 150km | Aquarius/SAC-D |
| 海面高度 | 海面高度 | SSH | 4cm | 10 日 | 25km | Sentinel-6 |

上げられています。

　この表に示すのは、現在運用中（2023年3月現在）の衛星プロダクト（製品）の一例です。水温、海色、海氷、海上風速（マイクロ波放射計）、降水量に関しては、日本の衛星「GCOM-C SGLI」と「GCOM-W AMSR2」で作成されている衛星プロダクトの標準精度を、海上風の風向・風速（散乱計）はMetOp-A、B/ASCATを、海面高度計はSentinel-6の公称精度をそれぞれ記入しました。これらの精度はあくまで衛星を開発・運用する宇宙機関による達成すべき標準的な値で、実際にはこれ以上の精度を持つ場合が多いです。

　このような海洋物理量の精度は、利用目的によって良し悪しが決まるため、この値は現時点の衛星観測精度の目安を知るための参考値の位置付けとしてご覧ください。

## 【参考文献】

[1] 日本リモートセンシング研究会編，図解リモートセンシング，日本測量協会，2001，321p.
[2] 作野裕司：沿岸環境評価のためのリモートセンシングデータ利用における現状と課題，2011年度（第47回）水工学に関する夏期研修会講義集，土木学会，2011.
[3] 日本リモートセンシング学会編，リモートセンシング事典，丸善，2022，pp.394-395.
[4] 小濱洋司，岡本謙一，増子治信：人工衛星によるマイクロ波リモートセンシング，電子情報通信学会，1986.
[5] Nakada, S., Kobayashi, S., Hayashi, M., Ishizaka, J., Akiyama, S., Fuchi, M., Nakajima, M.: High-resolution surface salinity maps in coastal oceans based on geostationary ocean color images: quantitative analysis of river plume dynamics. Journal of oceanography, 74, pp.287-304, 2018.
[6] 今脇資郎：衛星アルティメーター，海の研究，Vol. 4，No.6，1995，pp. 487-508.

# 第6章 海洋政策と海の衛星リモートセンシング

　ここまで、海の衛星リモートセンシング（RS）とは何か、そしてその応用によってどのような課題が解決できうるのかについて、解説してきました。本章では、少し視点を変えて、「海洋政策」、つまり現在の世界が海洋における課題解決に向けてどのように動いているのか、そしてその中で海の衛星 RS をどのように利用しているのか、概観してみようと思います。特に海洋環境の保全と序章でも紹介した海洋状況把握（MDA）を中心に、海洋に関する政策を策定する過程における RS の関与と位置づけについて、国内外の現状を紹介しつつ解説します。

　「政策」と聞くと堅苦しく感じる方もいるかもしれません。しかし、いま世界がどのように動いているかを知ることは、世界が、そして日本が今後何をしていくべきかを考えるうえでとても重要です。特に近年注目されている「エビデンスに基づく政策立案」は複雑な海洋課題の解決を目指すうえで必要不可欠です。序章でも述べたようにまずは気楽に読み進めていただいて、世界と日本の将来を考えるうえでの材料としていただければと思います。

## 6-1 海洋環境保全と水産分野への応用

　前の章で述べたように、海洋には船舶事故による油流出、不法投棄などによる海洋プラスチックゴミ問題、富栄養化による赤潮・青潮などの多様な環境問題が存在します。

　海洋環境問題は、一国だけの問題ではなく、各国が互いに影響しあう世界規模の問題と考えられることから、これまでにさまざまな国際的なイニシアチブや提案、取組みが実施されています（表6-1）。

　このなかで、SDGs において地球観測や地理空間情報などを含む幅広いデータの活用を追求することが記載されました。地球観測に関する唯一の国際的な枠組みである「地球観測に関する政府間会合」（GEO）では、SDGs の達成に貢献していくことが

表 6-1 海洋における国際的なイニシアチブの例

| イニシアチブ | 概　要 | 会議名・開催時期 |
|---|---|---|
| 愛知目標 [1] | ・2020 年までに生物多様性の損失を止めるための 20 の個別目標を設定 | 生物多様性条約第 10 回締約国会議（CBD-COP10）・2010 年 |
| 昆明・モントリオール生物多様性枠組 [2] | ・新たな生物多様性に関する世界目標を設定（ポスト 2020 生物多様性枠組） | 生物多様性条約第 15 回締約国会議（CBD-COP15）・2022 年 |
| パリ協定 [3] | ・2020 年以降の温室効果ガス排出削減等のための新たな国際枠組み | 国連気候変動枠組条約締約国会議（COP21）・2015 年 |
| 持続可能な開発のための 2030 アジェンダ [4] | ・2030 年までに持続可能でよりよい世界を目指す 17 個の持続可能な開発目標（SDGs）を設定<br>・14 番目の目標：「海の豊かさを守ろう」 | 国連持続可能な開発サミット・2015 年 |

2015 年の官僚級サミットで宣言されました [5]。また、SDGs に合わせて、特に「海の豊かさを守ろう」という目標を達成するため、2017 年に行われた国連総会では「持続可能な開発のための国連海洋科学の 10 年（2021-2030 年）」（以下、「国連海洋科学の 10 年」）が宣言され、「私たちが望む海洋のために必要な科学」というビジョンが掲げられています [6]。これはつまり、さまざまな海洋問題の解決に科学的なデータの利用が求められ、海洋観測の重要性が強調されたものと考えられます。

　近年、海洋観測技術の急速な発展に伴い、全球海洋観測システム（GOOS: Global Ocean Observing System）や、統合海洋観測システム（IOOS: Integrated Ocean Observing System）、合同海洋・海上気象専門委員会観測プログラムサポートセンター（JCOMMOPS：Joint Technical Commission for Oceanography and Marine Meteorology in situ Observations Programme Support centre）といった海洋観測ネットワークも世界中で数多く構築されています（図 6-1）。そのなかでも長期間かつ広範囲の海洋観測を可能とする衛星観測は、強力なツールのひとつとして認識されています。

　このような現状と国際動向を受けて、世界各国でもさまざまな対応策や関連政策などが導入されています。ここでは欧米と日本を中心に、海洋環境・水産分野に関連する海洋政策とそのなかで期待される衛星 RS の役割について、比較してみます。

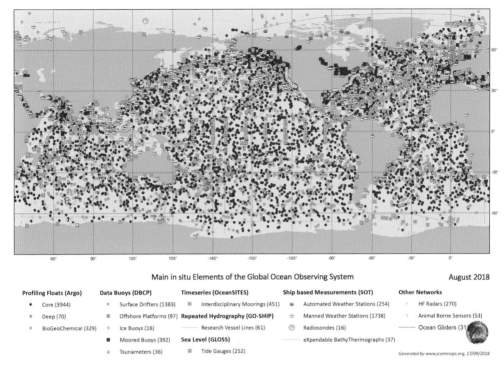

Main in situ Elements of the Global Ocean Observing System                    August 2018

| Profiling Floats (Argo) | Data Buoys (DBCP) | Timeseries (OceanSITES) | Ship based Measurements (SOT) | Other Networks |
|---|---|---|---|---|
| Core (3944) | Surface Drifters (1383) | Interdisciplinary Moorings (451) | Automated Weather Stations (254) | HF Radars (270) |
| Deep (70) | Offshore Platforms (97) | **Repeated Hydrography (GO-SHIP)** | Manned Weather Stations (1738) | Animal Borne Sensors (53) |
| BioGeoChemical (329) | Ice Buoys (16) | Research Vessel Lines (61) | Radiosondes (16) | Ocean Gliders (31) |
| | Moored Buoys (392) | **Sea Level (GLOSS)** | eXpendable BathyThermographs (37) | |
| | Tsunameters (36) | Tide Gauges (252) | | |

*Generated by www.jcommops.org, 17/09/2018*

図 6-1 JCOMMOPS が作成した全球海洋観測のスナップショット（出典：T. Moltmann *et al.*,[7]）

## （1）米　　国

　米国の海洋政策や関連する法律は、日本や他の国と同様に非常に多岐にわたります。それらが協働することによって、海洋環境や水産資源の保全を目的とした各種マネジメントがなされています。

　このような法律を基盤とする一方で、行政権を握る大統領によって、海洋政策の方向性が大きく左右されるのが米国の特徴といえます。近年では、セクターの枠を超えた海洋ガバナンスの確立を目指したオバマ政権、環境分野に比べて自国の経済・安全保障分野の利益や役割を強調したトランプ政権、環境・気候変動分野への対応とそのための国際連携の重要性をアピールしたバイデン政権と、海洋政策の移り変わりを見ることができます。

　米国における衛星 RS 関連の政策、特に商用利用に関するものとしては、ジョージ・W・ブッシュ政権下であった 2003 年に発令された大統領令「U.S. Commercial Remote Sensing Space Policy」（NSPD-27）が重要な役割を果たしています[8]。この大統領令では、衛星事業者に対するライセンス制や、他国との技術売買の制限など

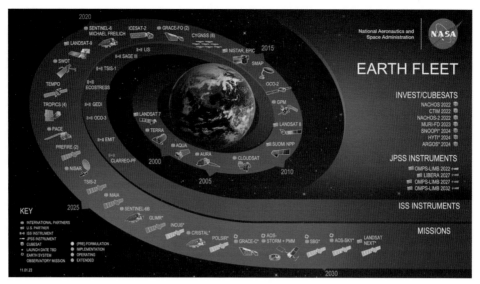

（図6-2）米国航空宇宙局（NASA）が開発した、あるいは開発を進めている地球観測衛星
（出典：NASA）

が規定されました。策定から20年が経った現在、米国外における衛星開発の急激な発展、ならびに宇宙産業の民間部門への移行が進んだことを考慮して、国際協調や民間企業の成長を阻害しないような政策を検討する必要があるという意見もあります[9]。

オバマ政権下で策定された「National Ocean Policy Implementation Plan」では、無人機ならびに衛星によるRS能力を向上させることが今後取り組まれるべきアクションとして明記されました[10]。トランプ政権からバイデン政権への交代に伴い、米国が気候変動問題に積極的に取り組む姿勢を示していることは、海洋環境分野において特筆すべき事項です。衛星RSの活用についても、海洋酸性化や海洋探査に関する政策文書において利用促進が明記されています[11-12]。今後も気候変動に対する取組みは継続されていくことが見込まれており、そのなかでの衛星RS利用のさらなる拡大が期待されます（図6-2）。

## （2）欧　州

欧州が策定する海洋環境に関する海洋政策として、さまざまな規則（Regulation）や指令（Directive）が国際的な効力を発揮しています。欧州の海洋政策の大きな特徴は、複数の国家にまたがる形で効力を有し、共同的な海洋環境や水産資源のマネジ

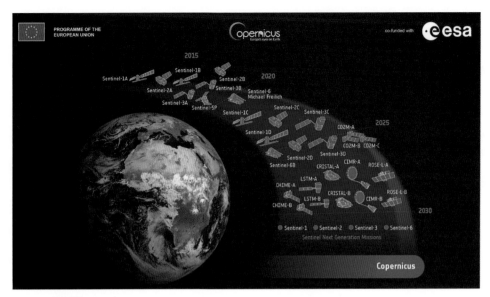

図6-3 欧州宇宙機関（ESA）が開発した、あるいは開発を進めている地球観測衛星
（出典：Europian Space Agency-ESA）

メントが求められることにあります。そのため、国境を越えた海洋データの共有枠組みを構築することが非常に重要な要素として考えられているほか、比較的長期の時間スケールでモニタリング計画が立案される傾向にあります。たとえば欧州海洋戦略枠組指令（EU Marine Strategy Framework Directive）の実施計画第1期は、2012〜2017年、第2期は2018〜2023年となっています。

　このような要求に対し、広範囲の海洋観測を継続的に実現する衛星RSの活用、さらにそこで取得されたデータを関係国間で共有することは非常に有効であり、積極的に利用が進められています。その代表例が「Sentinels」とよばれるRS衛星や、「Copernicus」とよばれる地球観測データプラットフォームです（図6-3）。複数の研究グループが、欧州の規則・指令の目的を達成するうえでの海洋RSの有効性を述べています[13-16]。

## (3) 日　本

　日本では、2008年から海洋に関する施策の総合的かつ計画的な推進を図るため、おおむね5年ごとに今後の海洋政策に関する政府の基本的な方向性を示す「海洋基本計画」が発行されています。第1期から第4期まで、海洋環境保全や水産資源利

（表6-2）各基本計画における海洋衛星リモートセンシングの役割

| 基本計画名 | 担当省庁 | 役　割 | 策定年 |
|---|---|---|---|
| 海洋基本計画[17] | 内閣府 | ・海洋調査・観測・モニタリング等の維持・強化<br>・海洋状況把握（MDA）の能力強化など | 2023 |
| 環境基本計画[18] | 環境省 | ・気候変動の対応に温室効果ガス観測技術衛星「いぶき」（GOSAT）や気候変動観測衛星「しきさい」（GCOM-C）の継続利用や活用 | 2018 |
| 水産基本計画[19] | 水産庁 | ・海洋状況の把握<br>・衛星利用による漁場探索の効率化 | 2022 |
| 宇宙基本計画[20] | 内閣府 | ・海洋状況把握（MDA）の強化 | 2020 |

用に関する政策や取組みへの言及が明確になされており、第4期（2023年）[17]ではこれらの分野に関係する記述が増加する傾向も見られました。そのほか、政府は「環境基本計画」や「水産基本計画」も定期的に発行し、「環境基本計画」は約6年ごとに、「水産基本計画」は約5年ごとに見直しを行っています。

　最新の「海洋基本計画」、「環境基本計画」そして「水産基本計画」は、いずれも衛星に関連する事項について言及しており、海洋分野における衛星利用の重要性は認識されているといえます。また宇宙分野に目を向けると、2008年には「宇宙基本法」が策定され、これを受けて内閣府は「宇宙基本計画」および「工程表」の作成・更新を行っています。これらの基本計画に記述されている海洋衛星RSに期待される役割は表6-2に整理するとおりです。表6-2を見てわかるように、海洋状況把握（MDA）のための役割が複数の基本計画で示されており、日本として重要視されていることがわかります。

## 6-2　海洋状況把握（MDA）

　近年、国家の安全保障や経済などに影響を与えうる海洋情報を共有し、海洋からのさまざまな人為的または自然の脅威に対応するための「情報共有基盤・枠組み」としての海洋状況把握（MDA）が重要になってきています。

　広大な海洋の情報を効率的かつ効果的に収集するためには、衛星による観測が不可欠です。MDAに活用される衛星データには、以下のようなものがあります。

① 船舶に関するデータ（船籍、船種、船舶動静などの情報）

② 海洋環境に関するデータ（水温、海流などの自然科学データ）

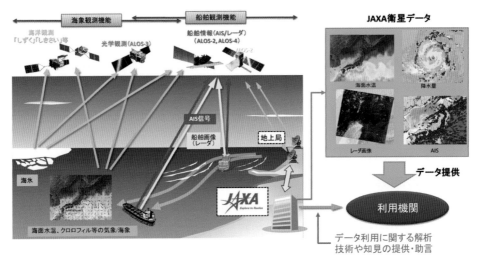

（図 6-4） 衛星を用いた海洋状況把握（MDA）への貢献（JAXA の取り組みの例）
（出典：JAXA：https://earth.jaxa.jp/ja/application/mda/）

③　海洋インフラに関するデータ（港湾、海上構造物などに関する情報）

　①については、自動船舶識別装置（AIS）を搭載した衛星、②については、マイクロ波放射計などを搭載した衛星、③については光学センサーやレーダーなどを搭載した衛星により、それぞれ継続的に観測されてきました（図 6-4）。

　MDA は 2001 年 9 月 11 日の米国同時多発テロを契機に、海洋に関する状況を効果的に知るためには、海洋で得られた情報の統合化が必要不可欠であるという考えから生まれたものです。自国のセキュリティ確保を主眼として MDA の活用を考えている米国とは異なり、欧州では主として環境保護や船舶の航行安全、漁業管理、国境管理等と幅広い分野における活用が考えられています。わが国では、海洋安全保障、海上安全、自然災害対策、海洋環境保全等、MDA がカバーする範囲は広範に及ぶものとなっています。

　ここでは、MDA の分野で活発な活動を実施している米国、欧州における MDA 体制や RS 衛星とそのデータの活用の仕方について述べ、わが国における MDA 体制と RS 衛星の活用のされ方を概観します。


## （1）米　　国

　米国においては、海洋安全保障国家戦略（NSMS: National Strategy for Maritime Security）[21] をサポートする各種計画のひとつとして、国家 MDA 計画（National

Maritime Domain Awareness Plan）[22] が策定されています。基本的にMDAは安全保障戦略の一形態として捉えられています。国家MDA計画が具体的に目指すものは、テロや犯罪的な行為の防止、都市やインフラの保護、災害時の海上交通システムやインフラの被害軽減および復旧、世界の資源や市場へのスムーズなアクセスの維持および海と海洋資源の保護が挙げられており、安全保障のみならず、経済、環境などの側面も含まれています。

米国におけるMDAの目的として次の3つがあるとされています。

① 早期の脅威の検出と解決

② 広範囲の脅威に対する意思決定支援の提供

③ 航行の自由と効率的な商取引の流れを確保するための国際法の遵守の監視

これらの目的の具現化は、国家海事情報統合局（NMIO: National Maritime Intelligence-Integration Office）が中心となって実施しています。実質的なMDAの実施は海軍、沿岸警備隊、税関、国境警備隊、連邦捜査局、州警察などの機関が担っています。

米国においては、偵察衛星技術を民間に開放することにより、高解像度（50cm級）のRS衛星を民間企業が開発し商業的に運用しています。また、米国航空宇宙局（NASA）や米国海洋大気庁（NOAA）などが各種のRS衛星を多数打ち上げており、地球観測衛星「Landsat」、「EOS」、「NOAA」シリーズなどの中低解像度の衛星データを、外国向けを含め無償で配布しています。新たな試みとして、NASA主導で地球環境観測衛星による衛星コンステレーション（複数の小型衛星を連携させ、一体的に運用する仕組み）を構築し、観測を行うA-Train（Afternoon Train）計画が進められています（図6-5）。米国、フランスおよび日本が取得した観測データの組み合わせによって、地球の大気や地表の高精度な三次元画像が作成され、地球気候の長期的変動の解明に活用されることが期待されています[23]。

2019年からNOAAは、アマゾン ウェブ サービス（AWS：Amazon Web Services）、Google Cloud、Microsoftと個別に契約を締結し、米国政府機関はデータのセキュリティ、プライバシー、機密性を保護しつつ国民に対してデータを公開するとしたデータポリシーに従って、クラウドプラットフォーム上でRS衛星データの無償公開を行っています[24]。これらのプラットフォーマーは、プラットフォームの維持・開発を行うとともに、プラットフォーム上で利用できるアプリケーションの開発を他のアプリケーション開発業者に委託して実施しており、プラットフォームの価値を高めています。プラットフォームの整備の例としてはAmazonの「Earth on AWS」[25]や、

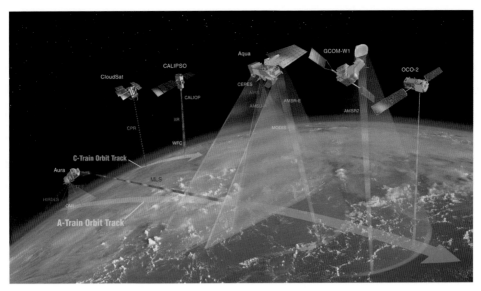

さまざまな波長範囲のセンサーを有する衛星コンステレーションにより観測を行う
A-Train の運用イメージ [23] (出典：NASA)

Google の「Google Earth Engine」[26] を商業ベースで提供しており、地球観測衛星
「Landsat」や「Sentinel」などの地球観測データの利用が可能です。


## （2） 欧　　州

　欧州における MDA の目的は、航行安全、漁業管理、ボーダーコントロール（国境
管理）、海洋環境保護などと幅が広くなっています。これは、欧州に 1990 年代から
整備が進められてきた全地球的環境・安全モニタリングの流れに沿った形で MDA へ
の取組みを考えているためと考えられます。

　欧州の MDA で中心的な役割を果たしているのが欧州海事安全庁（EMSA：
European Maritime Safety Agency）です。EMSA は、主に衛星を用いた海洋汚染、
AIS などによる船舶関連情報を衛星データと統合して欧州各国に提供しています。

　欧州における MDA は、1992 年 6 月に開催された「環境と開発に関する国連会議」
（UNCED：UN Conference on Environment and Development）における環境と開
発の両立を模索する世界的な潮流を起点としています。「環境とセキュリティのため
の地球観測（GMES：Global Monitoring for Environment and Security）システム
の整備計画」は、欧州独自の地球観測システムであり 2004 年にまとめられました。

現在、GMES は「Copernicus」と改称されています。

Copernicus は欧州連合の地球観測プログラムであり、提供される情報サービスは無料で、ユーザーはオープンにアクセスできます。Copernicus サービスによって提供される情報は、都市部管理、持続可能な開発と自然保護、地域および地方の計画、農林水産業、健康、市民保護、インフラストラクチャ、輸送とモビリティ、および観光を含むさまざまな分野の幅広いアプリケーションに使用できます。Copernicus サービスの主なユーザーは、環境法や政策の策定、自然災害や人道的危機などの緊急事態が発生した場合に重要な決定を行う政策立案者や公的機関です [27]。安全保障関連向けの Copernicus サービスは、欧州のセキュリティの課題に対応する情報を提供することにより、欧州連合の政策をサポートすることを目的としています。これにより、MDA に関連した国境監視および海上監視の分野における危機の予防、準備、対応が改善されます。

Copernicus の専用衛星は、「Sentinel」とよばれる RS 衛星であり、2014 年に地球観測衛星「Sentinel-1A」が打ち上げられて以来、欧州連合は 2030 年までにさらに約 20 個の衛星コンステレーションを軌道に乗せるプロセスを開始しました。地球観測衛星「Sentinel」はいずれもユーザーニーズに基づいて設計されています。

このほかに、数十に及ぶサードパーティ衛星が生情報を提供しています。Copernicus の宇宙コンポーネント開発や全体システムの設計は、衛星の打上げも含めて欧州宇宙機関（ESA：European Space Agency）に委嘱されており、衛星の運用は ESA と欧州気象衛星開発機構（EUMETSAT：European Organization for the Exploitation of Meteorological Satellites）に信託されています。

最近では、各国が打ち上げた商用の RS 衛星を相互利用する動きが具体化しつつあります。この動きの背景には、衛星搭載センサーの多様化と高性能化が進み、地球観測の質が大幅に向上しさまざまなニーズにこたえられるようになってきたことがあります。また、頻度の高い観測には複数の衛星を必要とする一方で、財政的な面から一国で複数の衛星を保有することが困難になってきた事情があります。

C-SIGMA（Collaboration in Space for International Global Maritime Awareness）は、欧米の沿岸警備隊と宇宙機構が連携して推進しているプログラムであり、各国の非軍事衛星を相互利用して洋上を航行する船舶を対象とした海洋監視体制を構築する構想です [28]。このプログラムは、海上監視システムを強化し、捜索救助、船舶の位置特定と追跡、海岸や港の監視、無許可の漁業や違法行為の検出などの分野で世界的に効果を高めることを目的としています。

## （3）日　本

　わが国の海洋政策の検討のなかで MDA が取り上げられたのは、2013 年の総合海洋政策本部参与会議の下に「海洋調査・海洋情報の一元化・公開プロジェクトチーム」が設置され、本格的な議論が開始されたことがはじまりです。2015 年 10 月にはコンセプトペーパー「我が国の海洋状況把握（MDA）について」[29] が策定されました。このなかで、わが国の目指すべき MDA は安全保障や海上安全に限定せず、自然災害対策、海洋環境保全、海洋産業振興、科学技術の発展等の多様な目的を含むことが方針付けられました。

　さらに、わが国の MDA の取組みの推進体制は、2016 年 7 月に総合海洋政策本部が決定した「我が国の海洋状況把握の能力強化に向けた取組」[30] において、内閣官房総合海洋政策本部事務局、内閣官房国家安全保障局および内閣府宇宙開発戦略推進事務局の三者が司令塔となることが策定されました。また、MDA の情報・システムのうち、民間が利用できる部分と政府機関で共有する部分を担う「海洋状況表示システム」（海しる）は、海上保安庁が整備・運用することとされました（図 6-6）。

　これらの議論を踏まえて、2018 年 5 月に閣議決定された第 3 期海洋基本計画[31] において、MDA については「海洋の安全保障の強化の基盤となる施策」に位置付け

図 6-6 「海洋状況表示システム」（海しる）のトップページの一部画面表示
（出典：https://www.msil.go.jp/msil/htm/topwindow.html）

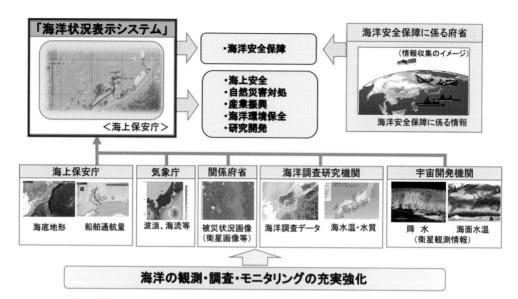

図6-7 我が国の海洋状況把握（MDA）の能力強化の意義 [32]（出典：内閣官房）

られました。さらに、今後5年程度の期間におけるMDAの能力強化に係る情報収集体制、情報の集約・共有体制、さらに国際連携・国際協力という3つの側面を強化することを策定しています（図6-7）[32]。

　MDAの取組みのカギとなるのは、情報の集約と共有です。2019年春に運用が開始された「海洋状況表示システム」は、海洋情報を地図上に可視化するとともに重畳表示するものですが、RSによる情報が重要な役割を担うという特徴を有します。「海洋状況表示システム」の他の衛星データ利用基盤プラットフォームは、表6-3に示すようにさまざまな機関などにおいて運用されています。これらの多くは、一部のデータを無償で提供していますが、利用は研究目的に限られています。このような状況のもと、経済産業省は産業利用目的としては日本初となる、政府衛星データプラットフォーム「Tellus」の構築を「政府衛星データのオープン＆フリー化および利用環境整備に関する検討会」での提言を受けて開始しました。

## 6-3　今後の展望

　日本、欧州、米国には、衛星と関連する海洋政策の方針や重点分野の変化に関するタイムスケールに違いがあるものの、衛星データを継続的に収集・管理・利用するプ

(表6-3) わが国における衛星データ利用基盤プラットフォーム

| プラットフォーム | 運用主体 | 概　要 |
|---|---|---|
| G-Portal（衛星データ提供システム：詳細は第7章を参考）[33] | 宇宙航空研究開発機構（JAXA） | ・JAXA の地球観測衛星によって得られたデータの検索（衛星／センサー検索、物理量検索）と提供を行うシステム<br>・商用利用可（条件付き） |
| 衛星データ利用促進プラットフォーム[34] | 内閣府 | ・地球観測衛星データの公的・民間利用等の促進・拡大を目途とするシステム<br>・一般的な共通フォーマット等により、異なる衛星データをワンストップで統合的に検索・閲覧、各種データ処理が可能 |
| DIAS データ統合・解析システム[35] | 文部科学省 | ・ビッグデータの蓄積・統合解析により、気候変動対策等の地球規模課題の解決に資する地球環境情報プラットフォーム |
| MADAS（衛星データ検索システム）[36] | 産業技術総合研究所 | ・産総研地質調査総合センターから配信する衛星データ（現在は ASTER）を検索し、その結果を地図上に表示するとともに KML（Key Markup Language）や処理データのダウンロードを提供するシステム |
| 政府衛星データプラットフォーム Tellus（詳細は第8章を参考）[37] | 経済産業省 | ・さまざまな機関や団体の多種多様な衛星データや、それらデータの分析アプリケーション開発などを行うクラウド環境を提供するプラットフォーム |

ラットフォームの構築の重要性は共通しています。現状として、国・地域間で衛星そのものや衛星観測データ管理のためのプラットフォームの開発を競い合って実施することが多くなっていますが、技術革新やコスト削減などに繋がりうるものである以上、それは否定されるべきものではありません。しかし、それらのプラットフォームの間の互換性が顧みられなかった場合、ユーザーの使い勝手や利用しやすさが制限される可能性もあります。

　また、衛星 RS の政治的・社会的な課題として、たとえ国家の機微に触れづらい環境モニタリングが目的であったとしても、国家間の政治的事情によりデータの公開・共有が阻まれている例が依然として存在することがすでに指摘されています[38]。そのため、各国の安全保障に関わる機微なデータの取り扱いを政府が適切に行うこと、そして公開可能なデータに関して民間主体のプラットフォームの競争を阻害せず、エンドユーザーの利益やモニタリング効率の最大化を同時に追求することが重要であると考えられます。

　日本における衛星データ利用については、主に次のような課題が考えられます。

①　衛星データの保存場所が散在している

②　衛星データを解析できるツールと人材が不足している

　上記①の課題については、衛星データを扱うサイトを統合したポータルサイトの整

備を政府主導で進めることが必要です。海洋関連では「海洋状況表示システム」がさまざまなデータを収集して提供しています。このシステムに政府関連機関が収集した衛星データを可能な限り無償で提供するとともに、産業利用目的の「Tellus」を連携させて、官民の保有衛星データによる地球可視化データプラットフォームを構築することが必要です。

　さらに、このプラットフォームには商用ベースの衛星コンステレーションのデータを、製品品質を確保させたうえで有償で購入してデータ数の拡大を図ることが必要です。地球を可視化できるデータを集約し、整備されたプラットフォームを構築することで、利用者に対する利便性が向上します。それとともに、商用ベースで収集した衛星データを定常的に売却できるシステムが構築されることにより、宇宙産業への参入企業も増加するものと推察されます。

　②の課題について、衛星データに関わる人材を増やすことが必須です。そのためには、衛星データ利用のハードルを下げて衛星データ利用者のすそ野を広げる必要があります。一部の衛星データを誰もが無償かつ利用制限なしで利用できる環境を整えるとともに、使ってみたいと思わせるようなサービスに展開していくことが必要です。これにより、新規ビジネスを含めて新たな経済効果の高い魅力的な産業の育成とともに、この産業に関わる人材の育成を継続的に進めていくことが可能になっていくものと推察されます。

　そのほか、衛星開発を進めるため、各国政府機関は、開発費用などへの投資を拡大するとともに、官民連携を促進し、民間企業が参入できる取組みや政策の検討も積極的に進めています。その結果、2010 年以降、海洋 RS のための衛星開発を実施する機関が世界的に増加・多様化しました（図 6-8）。日本に比べて、欧米ではより早い段階から民間企業による宇宙事業への参入が促進され、関連法律の策定が進められてきました。

　たとえば、米国では 1984 年に早くも「商業宇宙打上げ法」（Commercial Space Launch Act）が制定され、ロケットの打上げ、小型衛星の開発、衛星データ解析などを行うさまざまな宇宙ベンチャー企業の設立に向けた健全な基盤を築いたと考えられます[39]。それに対して日本では、2017 年に「人工衛星等の打上げ及び人工衛星の管理に関する法律」（宇宙活動法）や「衛星リモートセンシング記録の適正な取扱いの確保に関する法律」（衛星リモセン法）が施行されました。2018 年には「宇宙ベンチャー育成のための新たな支援パッケージ」が発表されましたが、ベンチャー企業の参入者の数は欧米より遥かに少なくなっています[39-41]。その原因として考えられる

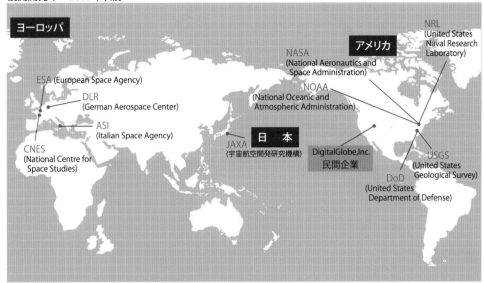

観測開発年　2009年以前

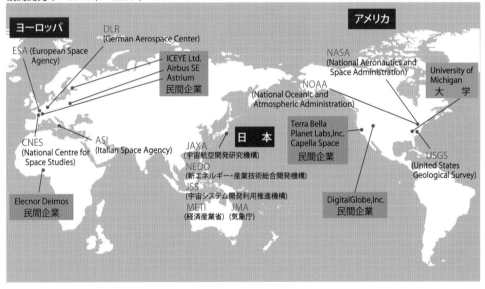

観測開発年　2010年〜2020年

図 6-8 日本・米国・欧州の 2009 年以前（上）と 2010 年から 2020 年（下）の海洋
リモートセンシング衛星による観測を実施した機関の分布 [43]（筆者作成）

のは、日本において宇宙産業への官需が 9 割を占めていること [42]、宇宙ベンチャー
企業に対する投資家からの認知度が低いこと、投資ファンドからの資金調達額が不足
していること [41]、などです。

　以上から、日本は欧米に比べると、宇宙産業における民間市場の開拓が重要であり、

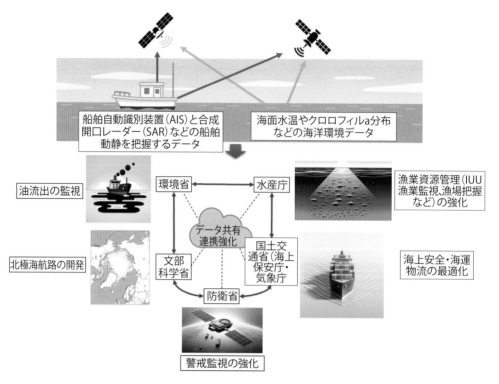

船舶自動識別装置（AIS）と合成開口レーダー（SAR）などの船舶動静を把握するデータ

海面水温やクロロフィルa分布などの海洋環境データ

油流出の監視

北極海航路の開発

環境省

水産庁

文部科学省

データ共有連携強化

国土交通省（海上保安庁・気象庁）

防衛省

警戒監視の強化

漁業資源管理（IUU漁業監視、漁場把握など）の強化

海上安全・海運物流の最適化

図6-9　衛星リモートセンシングを利用した海洋状況把握（MDA）の概念図（筆者作成）

政府主導から官民連携・主導の宇宙開発への転換が期待されます。これを実現するためには、衛星データの利用を拡大する必要があると考えられます。すなわち、ユーザーから利用ニーズまでに「官」から「民」へ、そして「国内」から「国外」への拡大が望まれます。

　上述した日本の現状も踏まえ、JAXA は 2022 年 9 月に「衛星地球観測コンソーシアム」（CONSEO：Consortium for Satellite Earth Observation）を設立しました。CONSEO では、多様なステークホルダーが集まることにより、産学官の連携強化と非宇宙産業からの衛星地球観測市場への参入促進を図り、市場の飛躍的な拡大を目指しています[44]。

　衛星 RS 技術の進展は、海洋課題の解決や海洋産業・宇宙産業の拡大促進のために極めて重要であることはこれまで述べてきたとおりです。それだけでなく、観測・情報収集能力の向上による MDA の能力強化にとっても不可欠であるといえます。

　MDA のために有用な衛星データの種類、また、日本における利活用例ならびに関係する省庁を図 6-9 に示しました。将来的には、高精度かつリアルタイムな衛星デー

タの取得がより容易になり、新たな応用分野の開拓が進むと同時に、省庁間での連携・協働がより積極的に展開されることで、MDA を今後より一層強化することが期待されています。

## 【参考文献】

［1］Convention on Biological Diversity: Aichi Targets, https://www.cbd.int/aichi-targets/（Accessed 2023. 4. 25）

［2］環境省：昆明・モントリオール生物多様性枠組（暫定訳），https://www.env.go.jp/content/000097720.pdf（Accessed 2023. 4. 25）

［3］脱炭素ポータルホームページ，https://ondankataisaku.env.go.jp/carbon_neutral/（Accessed 2023. 4. 25）

［4］B.W. Molony, A.T. Ford, A.M.M. Sequeira, A. Borja, A.M. Zivian, C. Robinson, C. Lønborg, E.G. Escobar-Briones, E. Di Lorenzo, J.H. Andersen, M.N. Müller, M.J. Devlin, P. Failler, S. Villasante, S. Libralato, and T. Fortibuoni: Sustainable development goal 14 - Life below water: Towards a sustainable ocean, Front. Mar. Sci., Sec. Global Change and the Future Ocean, Volume 8, 2022. https://doi.org/10.3389/fmars.2021.829610.

［5］石田中：SDG インディケータへの地球観測衛星データおよび全球データセットの適用可能性について，第 10 回横幹連合コンファレンス，E-5, Nov. 2019.

［6］Intergovernmental Oceanographic Commission: The Science We Need for the Ocean We Want. The United Nations Decade of Ocean Science for Sustainable Development（2021–2030）, IOC Brochure, p. 20, Apr. 2020.

［7］Moltmann T, Turton J, Zhang H-M, Nolan G, Gouldman C, Griesbauer L, Willis Z, Piniella ÁM, Barrell S, Andersson E, Gallage C, Charpentier E, Belbeoch M, Poli P, Rea A, Burger EF, Legler DM, Lumpkin R, Meinig C, O'Brien K, Saha K, Sutton A, Zhang D and Zhang Y（2019）A Global Ocean Observing System（GOOS）, Delivered Through Enhanced Collaboration Across Regions, Communities, and New Technologies. Front. Mar. Sci. 6:291. doi: 10.3389/fmars.2019.00291

［8］The White House（George W. Bush）: National Security Presidential Directive（NSPD）27: U.S. Commercial Remote Sensing Policy, April 2003, https://www.nesdis.noaa.gov/s3/2021-08/Commercial%20Remote%20Sensing%20Policy%202003.pdf（Accessed 2023. 2. 6）

［9］J.A. Vedda: Updating National Policy on Commercial Remote Sensing, Center for Space Policy and Strategy, The Aerospace Corporation, https://aerospace.org/sites/default/files/2018-05/CommercialRemoteSensing_0.pdf（Accessed 2023. 4. 26）

［10］National Ocean Council: National Ocean Policy Implementation Plan, April 2013, https://obamawhitehouse.archives.gov/sites/default/files/national_ocean_policy_implementation_plan.pdf（Accessed 2023. 2. 3）

［11］Interagency Working Group on Ocean Exploration and Characterization: Strategic Priorities for Ocean Exploration and Characterization of the United States Exclusive Economic Zone, October 2022, https://www.whitehouse.gov/wp-content/uploads/2022/10/NOMEC_OEC_Priorities_Report.pdf（Accessed 2023. 2. 6）

［12］Interagency Working Group on Ocean Acidification and Subcommittee on Ocean Science and Technology Committee on Environment: Sixth Report on Federally Funded Ocean Acidification Research and Monitoring Activities, October 2022, https://www.whitehouse.gov/wp-content/

uploads/2022/10/SOST_IWGOA-FY-18-and-19-Report.pdf (Accessed 2023. 2. 6)

[13] B. E. Mahrad, A. Newton, J. D. Icely, I. Kacimi, S. Abalansa, and M. Snoussi: Contribution of remote sensing technologies to a holistic coastal and marine environmental management framework: a review, Remote Sensing, 12 (14), 2313, 2020.

[14] S. Cristina, J. Icely, P. C. Goela, T. A. DelValls and A. Newton: Using remote sensing as a support to the implementation of the European Marine Strategy Framework Directive in SW Portugal, Continental Shelf Research, Vol. 108, pp. 169-177, 2015.

[15] Q. Chen, Y. Zhang, A. Ekroos and M. Hallikainen: The role of remote sensing technology in the EU water framework directive (WFD). Environmental Science & Policy, 7 (4), pp. 267-276, 2004

[16] J. I. Martín: Policy Department B: Structural and Cohesion Policies and European Parliament.: The Common Fisheries Policy Practical Guide Provisional Version, 2009, https://www.europarl. europa. eu/document/activities/cont/200907/20090720ATT58547/20090720ATT58547EN.pdf (Accessed 2023. 2. 3)

[17] 内閣府：「第 4 期海洋基本計画」，令和 5 年 4 月 28 日閣議決定，https://www8.cao.go.jp/ocean/ policies/plan/plan04/pdf/keikaku_honbun.pdf (Accessed 2023. 6. 20)

[18] 環境省：「環境基本計画」，平成 30 年 4 月 17 日閣議決定，https://www.env.go.jp/ content/900511404.pdf (Accessed 2023. 4. 25)

[19] 農林水産省：「水産基本計画」，令和 4 年 3 月閣議決定，https://www.jfa.maff.go.jp/j/policy/kihon_ keikaku/attach/pdf/index-9.pdf (Accessed 2023. 4. 25)

[20] 内閣府：「宇宙基本計画」，令和 2 年 6 月 30 日閣議決定，https://www8.cao.go.jp/space/plan/kaitei_ fy02/fy02.pdf (Accessed 2023. 4. 25)

[21] "National Strategy for Maritime Security", An official website of the U.S. Department of Homeland Security, https://www.dhs.gov/national-plan-achieve-maritime-domain-awareness

[22] "The National Maritime Domain Awareness Plan", DECEMBER 2013 Revision 3 of 2022, https://nmio.ise.gov/Portals/16/National%20MDA%20Plan%202022%20FINAL.pdf

[23] NASA, The Afternoon Constellation, https://atrain.nasa.gov/

[24] "Cloud platforms unleash full potential of NOAA's environmental data", NOAA, December 19, 2019, https://www.noaa.gov/media-release/cloud-platforms-unleash-full-potential-of-noaa-s-environmental-data

[25] Earth on AWS (Amazon): https://aws.amazon.com/jp/earth/

[26] Google Earth Engine (Google): https://earthengine.google.com/

[27] copernicus Homepage, https://www.copernicus.eu/en/about-copernicus

[28] c-sigma ホームページ：http://c-sigma.org/

[29] 「我が国における海洋状況把握（MDA）について」，海洋状況把握に係る関係府省等連絡調整会議，平成 27 年 10 月．https://www8.cao.go.jp/ocean/policies/mda/pdf/mda_concept.pdf

[30] 「我が国の海洋状況把握の能力強化に向けた取組」，総合海洋政策本部決定，平成 28 年 7 月 26 日，https://www8.cao.go.jp/ocean/policies/mda/pdf/h28_mda_main.pdf.

[31] 内閣府：「第 3 期海洋基本計画」，平成 30 年 5 月 15 日閣議決定，https://www8.cao.go.jp/ocean/ policies/plan/plan03/pdf/plan03.pdf (Accessed 2023. 4. 25)

[32] 「我が国の海洋状況把握の能力強化に向けた取組の概要」，平成 28 年 9 月 29 日，内閣官房総合海洋政策本部事務局資料を一部抜粋，https://www8.cao.go.jp/space/comittee/dai53/siryou3.pdf

[33] G-Portal (JAXA): https://gportal.jaxa.jp/gpr/

[34] 衛星データ利用促進プラットフォーム（株式会社パスコ）：https://satpf.jp/spf_atl/

[35] DIAS（一般財団法人リモート・センシング技術センター）：http://www.diasjp.net/

［36］MADAS（衛星データ検索システム）：https://gbank.gsj.jp/madas/#top

［37］「政府衛星データプラットフォーム「Tellus（テルース）」について」，写真測量とリモートセンシング，Vol.59， No.1, 2020, https://www.jstage.jst.go.jp/article/jsprs/59/1/59_6/_pdf/-char/ja

［38］European Union: Regulation（EU）No 1380/2013 of the European Parliament and of the Council of 11 December 2013 on the Common Fisheries Policy, amending Council Regulations（EC）No 1954/2003 and（EC）No 1224/2009 and repealing Council Regulations（EC）No 2371/2002 and（EC）No 639/2004 and Council Decision 2004/585/EC, Official Journal of European Union, L354, pp. 22–61, 2013.

［39］八亀彰吾：宇宙ビジネスを支える法制度，NRI パブリックマネジメントレビュー，株式会社野村総合研究所，2017 年 8 月号.

［40］「宇宙ベンチャー育成のための新たな支援パッケージ」，内閣府，平成 30 年 3 月 20 日，https://www8.cao.go.jp/space/policy/pdf/package.pdf

［41］「宙を拓くタスクフォース」報告書，総務省，2019 年 6 月 7 日，https://www.soumu.go.jp/main_content/000624305.pdf

［42］「日本における宇宙産業の競争力強化」，株式会社日本政策投資銀行，2017 年 5 月，https://www.dbj.jp/topics/region/industry/files/0000027284_file2.pdf

［43］公益財団法人笹川平和財団海洋政策研究所（2021）「海洋デジタル社会の構築事業　資料 2021-5」https://www.spf.org/opri_/profile/ocean-digital-society-details.html#jt2（Accessed 2023. 6. 20）

［44］衛星地球観測コンソーシアムのホームページ：https://earth.jaxa.jp/conseo/（Accessed 2023. 6. 20）

# 衛星データの入手

　本章では、さまざまな衛星データの入手や閲覧が可能な国内外のサイトと、実際のデータの入手方法などを紹介します。衛星データの配信サイトは世界中にありますが、配信データが地域限定であったり、言語が英語に対応していなかったりするものがあります。ここでは、海の衛星リモートセンシング（RS）に活用できるデータのなかから、比較的容易に衛星データを入手することができるサイトを挙げました。

## 7-1　海色・水温データの入手サイト

　衛星から取得された海色・水温情報に関する国内外の主な衛星データ入手サイトを紹介します。各サイトはいずれも無料で閲覧できますが、データの利用にあたって条件が設けられている場合がありますので、注意が必要です。特に試験研究以外の目的でデータを利用する場合はデータポリシーを確認する必要があります。

　主な海色・水温データの入手サイトの一覧を表 7-1 に示し、主要なサイトについて、以下にいくつか例を挙げて説明します。

### (1) JASMES

　「JASMES」とは JAXA の地球観測研究センター（EORC）が運営する「JAXA 環境研究のための衛星モニタリング」（JASMES: JAXA Satellite Monitoring for Environmental Studies）の略称です。

　このサイト（図 7-1）では、JAXA の EORC で処理された全球から日本周辺を含めた海洋および陸域・大気・雪氷圏のさまざまな衛星データが配信されています。気候変動観測衛星「しきさい」（SGLI/GCOM-C）のデータも多数提供されていますが、そのなかには、準リアルタイムデータとして観測後に速やかに配信されるデータもあります。

**図 7-1** JASMES のトップページ
（提供機関 / データポータルサイト　JAXA/JASMES）

　このデータは標準処理されたデータとはやや異なる場合もありますが、通常使う分には精度などに問題はなく、準リアルタイムですぐに衛星データを見ることができるという大きなメリットがあります。

　JASMES は複数のホームページの集合体で、全体像はややわかりにくいのですが、必要なデータを入手するだけなら地図を見ながら容易に画像を取得することができます。一方で、検索操作なしで FTP（ファイル転送のための通信プロトコル）を用いて直接データを取得することも可能となっています。

## (2) G-Portal

　「G-Portal」とは、JAXA の地球観測衛星で取得されたほとんどのプロダクトを検索・ダウンロードできるデータ配信サイト（図 7-2）です。

　データ配信サイト G-Portal で提供されるデータは、「GCOM-C」「GCOM-W1」「Global GPM」と関連する衛星群、「ALOS-2」など運用中（2023 年 3 月現在）の衛星、さらに、「ALOS」「ADEOS」「ADEOS-II」「JERS-1」「MOS-1」「MOS-1b」「SLATS」などの過去の JAXA の衛星、そのほか、NASA の衛星「AQUA」、「TERRA」のデータも提供されています。また、それらのデータから作成された世界の降水分「GSMaP」データの提供も行っています。

（図 7-2）G-Portal のトップページ
（提供機関 / データポータルサイト　JAXA/G-Portal）

## （3）Ocean Color Web

　海外の代表的なサイトもひとつ紹介します。「Ocean Color Web」は、NASA の衛星海洋生物データ処理グループによってサポートされているウェブサイト（図 7-3）です。

　NASA の衛星「DAAC」（Distributed Active Archive Center）を含む地球観測データベース群のひとつで、「OB.DAAC」（Ocean Biology DAAC）とよばれています。1996 年にスタートして、世界の研究者への衛星海色プロダクト、海面水温、海面塩分など衛星海洋生物学データ関連のアーカイブと提供を行っています。

（図 7-3）Ocean Color Web のトップページ
（提供機関 / データポータルサイト　NASA / Ocean Color Web）

## （4）そ の 他

　JAXA や NASA のほかにも海色・水温の衛星データを配信する国内・国外のサイ

表 7-1 主な海色・水温データの入手サイト一覧

| 提供機関 / データポータルサイト | URL |
|---|---|
| ① JASMES ／宇宙航空研究開発機構（JAXA） | https://kuroshio.eorc.jaxa.jp/JASMES/ |
| ② G-Portal ／宇宙航空研究開発機構（JAXA） | https://oceancolor.gsfc.nasa.gov/ |
| ③ Ocean Color Web ／ NASA | https://oceancolor.gsfc.nasa.gov/ |
| ④ 環境省・NPEC / 環日本海海洋環境ウォッチ | https://ocean.nowpap3.go.jp |
| ⑤ 東海大学宇宙情報センター | http://www.tsic.u-tokai.ac.jp/ |
| ⑥ 千葉大学環境リモートセンシング研究センター | https://ceres.chiba-u.jp/database-ceres/satellite/ |
| ⑦ NICT サイエンスクラウドひまわり衛星プロジェクト | https://sc-web.nict.go.jp/himawari/ |
| ⑧ 気象庁気象衛星センターひまわり標準データ | https://www.data.jma.go.jp/mscweb/ja/info/sample_data_hsd.html |
| ⑨ 気象業務支援センター | http://www.jmbsc.or.jp/ |
| ⑩ ESA / Copernicus Browser | https://dataspace.copernicus.eu/browser/ |
| ⑪ NOAA / CoastWatch Data Portal | https://coastwatch.noaa.gov/cw_html/cwViewer.html |

トは、閲覧が有料のサイトを含めて、数多く存在します（表 7-1）。

　国内のサイトでは、東海大学宇宙情報センターが、衛星海色センサー MODIS や VIIRS などのデータを配信、高次加工データとして積雪や海氷などの情報を配信しています。また千葉大学環境リモートセンシング研究センターでは、過去の気象衛星「ひまわり」のデータ、中国の気象衛星「FY」シリーズなど各種データを配信しています。「ひまわり」については、情報通信研究機構の「NICT サイエンスクラウドひまわり衛星プロジェクト」で過去のデータのダウンロードなども可能となっています。

　なお、気象業務支援センターでは、「ひまわり」の標準データが購入可能です。気象業務支援センターは、他のサイトデータとは異なり研究目的などの利用条件がなく、商用可能となっています。

　海外のサイト ESA の「Copernicus Browser」では、海色センサー「Sentinel-3」の衛星データが利用可能です。そのほかにも Sentinel-1、Sentinel-2、Sentinel-5P のデータも同時に検索しダウンロードすることができます。

　米国海洋大気局（NOAA）の「CoastWatch Data Portal」では、多くの海関連のデータを扱っており、SST（海面水温）、SSS（海面塩分）といった項目があります。

　このサイトの SST データでは AVHRR/L3S、Suomi-NPP/VIIRS、NOAA-20/VIIRS、Himawari-8/AHI、GOES-R/ABI、海色では Suomi-NPP/VIIRS、NOAA-20/VIIRS、Sentinel-3A のデータがダウンロードして利用することが可能です。

## 7-2 海上気象・海象・海氷データの入手サイト

　衛星から取得された海上気象・海象・海氷情報に関する、国内外の主な衛星データ入手サイトを紹介します。前節 7-1 同様に、利用にあたって条件が設けられている場合がありますので注意が必要です。特に試験研究以外の目的でデータを利用する場合はデータポリシーを確認する必要があります。

　主な海上気象・海象・海氷データの入手サイト一覧を表 7-2 に示し、主要なサイトについて、以下にいくつか例を挙げて説明します。

### （1）JAXA ひまわりモニタ

　「JAXA ひまわりモニタ」は、JAXA の分野横断型プロダクト提供システム（P-Tree）の一環で、気象庁から提供されている静止気象衛星「ひまわり」の標準データおよび JAXA が「ひまわり標準データ」（HSD）から作成する物理量データを公開しているサイト（図 7-4）です。

　「ひまわり」は日本の静止気象衛星の愛称ですが、2015 年より正式運用が始まった「ひまわり 8 号」および「9 号」は、それ以前の MTSAT シリーズに比べて観測波長

図 7-4　JAXA ひまわりモニタのトップページ
（提供機関 / データポータルサイト　JAXA/JAXA ひまわりモニタ）

の数が 16 バンドに増加、解像度も赤外域で 2km に向上したことで、研究分野や産業分野での利用の可能性が大きく向上しました。同サイトでは、雲特性、海面水温、日射量／光合成有効放射量、クロロフィル a 濃度など多種多様で有益な情報を配信しています。

　また、ウェブサイトは海岸線や緯度経度線の表示も可能な GIS 仕様のインターフェースとなっています。オリジナルの画像については NetCDF（気温や湿度などの科学的データを格納するファイル形式）データで入手可能です。ひまわり標準データも条件がありますが入手可能です。アカウントを取得すれば FTP などでのデータのダウンロードも可能となります。

## (2) 海象を知るための衛星データサイト

　海象には波浪や海流などさまざまなデータが含まれます。たとえば、NASA の「PO. DAAC」（表 7-2 ③）では、多くの海象データが収集可能となっています。また、欧州宇宙機関（ESA）の Copernicus Browser では、「Sentinel」シリーズを中心に大気や陸域を含むさまざまな衛星データが提供されており、多くの海洋関連データがあります（表 7-2 ⑭）。

　衛星海面高度計から導出された海流や波などの海象情報に関しては、フランス国立宇宙研究センター（CNES）の AVISO+（Archiving, Validation and Interpretation of Satellite Oceanographic data）から、データを含めたさまざまな情報（表 7-2 ④）が取得できます。マイクロ波衛星センサーを利用した気象・海象データの閲覧に関しては、アメリカの Remote Sensing Systems 社の提供する配信サイト（表 7-2 ⑤）から無料で表示・データを取得することが可能です。

## (3) 海氷を知るための衛星データサイト

　海氷モニタリングは地球温暖化の影響評価や基礎研究に必須であり、衛星データが活用されています。この情報を扱うさまざまなサイトが国内外に存在します。

　国立極地研究所で提供している「海上気象・海象・氷のポータルサイト」（ADS）の極域環境監視モニタ「VISHOP」（表 7-2 ⑦）、JAXA のオホーツク海の海氷分布や「JASMES」の「グリーンランド氷床モニタ」「海氷面積変動トレンド」、東海大学情報技術センター／宇宙情報センターのオホーツク海＆北極海周辺の MODIS 画

表 7-2 主な海上気象・海象・海氷データの入手サイト一覧

| 提供機関 / データポータルサイト | URL |
| --- | --- |
| ① JAXA / ひまわりモニタ | https://www.eorc.jaxa.jp/ptree/ |
| ② JAXA / GSMaP | https://sharaku.eorc.jaxa.jp/GSMaP/ |
| ③ NASA / PO.DAAC（The Physical Oceanography Distributed Active Archive Center） | https://podaac.jpl.nasa.gov/ |
| ④ CNES / AVISO+ | https://www.aviso.altimetry.fr/en/data/data-access/aviso-cnes-data-center.html |
| ⑤ Remote Sensing Systems | https://www.remss.com/ |
| ⑥ J-OFURO（Japanese Ocean Flux Data Sets with Use of Remote Sensing Observations） | https://j-ofuro.com |
| ⑦ ADS / VISHOP | https://ads.nipr.ac.jp/vishop/#/monitor |
| ⑧ JAXA / オホーツク海の海氷分布 | https://earth.jaxa.jp/date/2542 |
| ⑨ JAXA / JASMES グリーンランド氷床モニタ | https://www.eorc.jaxa.jp/JASMES/daily/GLmonitor/ |
| ⑩ JAXA / JASMES 海氷面積変動トレンド | https://kuroshio.eorc.jaxa.jp/JASMES/climate/ |
| ⑪ 東海大学 / オホーツク海&北海道周辺 MODIS 画像 | http://www.tsic.u-tokai.ac.jp/view_modis/ |
| ⑫ NSIDC / NEWS & ANALYSYS | https://nsidc.org/home |
| ⑬ University of Bergen / Ocean and Sea Ice Remote Sensing | https://www.nersc.no/group/ocean-and-sea-ice-remote-sensing |
| ⑭ Copernicus のデータアクセスページ | https://marine.copernicus.eu/access-date |

像などがあります。また、海外では NOAA の国立雪氷データセンター（NSIDC：National Snow and Ice Data Center）の海氷ニュース＆解析（表 7-2 ⑫）や、ベルゲン大学の「Ocean and Sea Ice Remote Sensing」（表 7-2 ⑬）で海氷に関するいろいろな情報を取得することができます。

 ## 7-3　SAR データの入手サイト

　合成開口レーダー（SAR）は海の油汚染エリアや、船の分布などを把握することができます。センサーの性質上、広い範囲は撮影できませんが、高解像度で雨天でも観測できることから沿岸を中心に海洋でも急速に利用が進みつつあります。

　主な SAR データの入手サイト一覧を表 7-3 に示し、主要なサイトについて、以下にいくつか例を挙げて説明します。

　JAXA の地球観測衛星の ALOS シリーズに搭載されるフェーズドアレイ方式 L バンド合成開口レーダー（PALSAR）のデータは、7-1 節で紹介した「G-portal」から

表7-3 主なSARデータの入手サイト一覧

| 提供機関 / データポータルサイト | URL |
|---|---|
| ① COPERNICUS Browser | https://dataspace.copernicus.eu/browser/ |
| ② ASF (Alaska Satellite Facility) | https://asf.alaska.edu/ |

入手することができます。なおプロダクトは有償のため、別途問い合わせが必要です。

　ESA の「Sentinel-1」データは、Copernicus 関連サイトで情報が集約されています。ESAの「Sentinel-1」、JAXAの「JERS-1/SAR」「ALOS/PALSAR」、カナダの「RADARSAT」は、「ASF：Alaska Satellite Facility」（表7-3 ②）から検索・入手することができます。ASF はアラスカ大学が NASA の「ESDIS」（Earth Science Data and Information System）プロジェクトの協力で運用しています。

　対象データは、「Sentinel-1」「ALOS/PALSAR」「AVNIR-2」「JERS-1」「SMAP」「UAVSAR」「AIRSAR」「SEASAT」となっています。

　データのダウンロードは、「Vertex」とよばれるウェブサイトが使いやすく、メールアドレスの登録をすれば、データの検索、ダウンロードは無料で可能となります。

　なお、これらのウェブサイトから得られる SAR データの多くは、7-1 節、7-2 節で紹介した水温や風速のような海洋物理量に換算されたデータではないため、注意が必要です。もし、得られた SAR データから海洋物理量に換算したい場合は、第 8 章で紹介するソフトウェアなどを使って、別途自ら変換するための処理を検討する必要があります。

## 7-4　その他の閲覧サイト

　7-3 節までに紹介したサイトのほかにも、さまざまな衛星情報配信サイトが存在します。その他の有用なデータの入手サイト一覧を表 7-4 に示し、主要なサイトについて、以下にいくつか例を挙げて説明します。

　「Giovanni」や「GlobColour」は、世界の海色などの長期的な時系列情報を提供するサイトです。このうち Giovanni は、海色や SST を含めた海洋の多くの全球衛星データが表示・取得できるサイトです。

　このサイトでは海洋のデータだけでなく海象や大気の情報もあります。また衛星だけでなく海洋数値モデルの計算結果も提供されており、さまざまな種類の長期のデー

表7-4 その他のデータの入手サイト一覧

| 提供機関 / データポータルサイト | URL |
|---|---|
| ① NASA / Giovanni | https://giovanni.gsfc.nasa.gov/giovanni/ |
| ② GlobColour | https://www.globcolour.info/ |
| ③ LandBrowser | https://landbrowser.airc.aist.go.jp/landbrowser/ |
| ④ EarthExplorer | https://earthexplorer.usgs.gov/ |
| ⑤ EO Browser | https://www.sentinel-hub.com/explore/eobrowser/ |
| ⑥ Glovis | https://glovis.usgs.gov/ |

タから必要なデータだけを抽出することが可能となっています。これらのデータは、時間平均などの加工処理や平均場の画像の作成、時系列の図の作成も可能で、もとになったデータや作成した図をダウンロードすることも可能です。

　ここまで紹介したサイトのうち、SARデータ以外は外洋スケール（空間の解像度が250m～1km程度のもの）の現象把握を対象とした衛星データを取得するサイトがほとんどです。

　一方、沿岸域のようなごく陸に近い海域では、気象や潮汐等の影響をダイレクトに受けるため水温などの変動が複雑になりがちで、かつ河川などの外部要因の影響も受けやすいことから、より高解像度かつ高頻度の衛星データが必要となります。沿岸域は詳細な藻場・干潟の状況を把握したい、養殖場周辺の環境を知りたいなど社会的ニーズも多いことから、どうしても高解像度の衛星データを取得する必要があります。そこで、この項では、数十メートル程度の空間解像度程度を有し、かつ無料で入手することができる国内の衛星データポータルサイト「LandBrowser」（表7-4③）と国外の衛星データポータルサイトとして有名な「EarthExplorer」（表7-4④）、および「EO Browser」（表7-4⑤）、「Glovis」（表7-4⑥）を簡単に紹介します。

　LandBrowserとは、産業技術総合研究所（以下、産総研）が公開している高解像度衛星のデータポータルサイトです。2021年11月現在で閲覧・取得できる衛星データは、米国の衛星「Landsat-8」のOLIデータ、日米共同開発の衛星「Terra」が搭載している「ASTER」データ、そしてESAが運用する「Sentinel-2」データがあります。LandBrowserの画像をGeotiffフォーマット（緯度経度などの地理情報を持った画像フォーマット）で保存すると、そのファイルをドラッグアンドドロップするだけで「QGIS」などのGISソフトウェア（第8章参照）で表示することができます。

　「EarthExplorer」は、USGS（米国地質調査所）が運営する衛星データポータルサイトで、米国の「Landsat」シリーズの衛星データに加えて、標高データ、空中写

真データ、過去の偵察衛星（Coronaなど）のデータなど、衛星データ以外にも豊富なデータを取得することができます。

EO Browserとは、「Sentinel-1」や「Sentinel-2」などの衛星画像の閲覧、視覚化、分析のためのオープンソースのウェブベースのツールです。このウェブアプリケーションを使えば、特別なソフトがなくてもインターネットとウェブブラウザだけで、指定した場所で利用できるデータを検索して、最も詳細な解像度のデータを即座に視覚化し、さまざまな分析（NDVI／植生インデックスの導出などの処理）を実行できます。

さらに異なる日時の同一エリアの画像の比較解析、タイムラプスの作成、GISツールに取り込んで分析するためのデータのダウンロードなどが可能となっており、非常に強力なツールとなっています。

---

### ■■コラム①：衛星データのレベルとは？■■

一般的に衛星データを入手するときは、Level 1（レベル1）、Level 2（レベル2）、Level 3（レベル3）といった段階に分けられているデータを選ばなければなりません。一般にLevel 1には衛星観測の電磁波の放射輝度のデータ、Level 2には衛星データから導出されたクロロフィルa濃度などの一般的な物理量の画像が含まれていて、それがエリアやスキャンといった区切られたシーンという単位で提供されています。

一方、最も加工処理が施されたLevel3データのダウンロードについて説明します。Level 3データは、全球を緯度経度など一定の区画で区分けしたエリアごとに衛星データの画素値を一定期間で平均したデータです。全球規模の解析などによく使わ

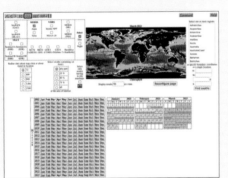 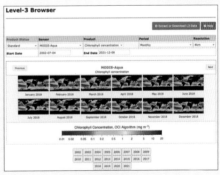

（コラム図７①）Ocean Color WEB の各レベルデータ取得ページ
左図：Level 1、Level 2 データ取得サイト／右図：Level 3 データ取得サイト

れます。コラム図 7 ①には、Ocean Color Web サイトにおける Level 1、Level 2 データ取得サイト（左図／https://oceancolor.gsfc.nasa.gov/cgi/browser.pl?sen=amod）、Level 3 データ取得サイト（右図／https://oceancolor.gsfc.nasa.gov/l3/）をそれぞれ示します。

# 第8章　衛星データの処理

　データを入手したのち、そのデータを地図上に表示するなど活用できなければ意味がありません。しかし、衛星データは処理のレベルによって見え方がまったく異なる（コラム①参照）うえに、処理レベルや活用用途によって有効なソフトが微妙に異なってきます。海の現象を議論するために必要な海の衛星データをどのように処理して活用すればいいのか、本章では、入手したデータを処理するために導入しやすいフリー（無料）のソフトウェアを紹介し、その概要と使用例について解説します。

## 8-1　衛星データ解析ソフトウェア

　衛星データを扱う場合、最も苦労するのがデータの読み込みです。多くの衛星データは、一般にカメラ画像などで使われる画像ファイル形式の「JPEG」や「PNG」などと異なり、地図座標情報や画素の品質情報など多くの情報を含んだデータの集合体となっているため、特殊なフォーマットで格納されているからです。したがって、衛星データは「Photoshop」のような汎用の画像処理ソフトでは簡単に読めない場合が多いのです。

　加えて、入手した衛星データの処理レベルによっては、第1章で説明したとおり、大気補正や水蒸気量補正といった特殊な処理をしなければ正しい海の情報を得ることができません。そのような悩みを克服するために、衛星画像の読み込み・解析に特化したフリーソフトウェアが NASA や ESA といった宇宙機関から用意されていることが多くあります。ここではそのなかでも非常に有名な「SeaDAS」と「SNAP」と呼ばれるソフトウェアについて簡単に紹介しましょう。

### （1）SeaDAS

　「SeaDAS」（SeaWiFS Data Analysis System）は、NASA が開発した地球観測の

受信データ　　　　　　輝度画像　　　　　　　物理量画像　　　　　　地図投影済
　　　　　　　　　　　　　　　　　　　　　　（水温等）　　　　　　物理量画像

図 8-1　海の衛星データ初期補正処理の流れ

衛星データの処理・表示・解析・品質評価のための総合的なソフトウェアパッケージです。もともとは海色衛星センサー「SeaWiFS」プロジェクトをサポートするために 20 年以上前に開発がスタートし、いまでは 15 を超える米国および国際的な衛星ミッションの地球科学データの解析ツールとなっています。

　2024 年 1 月時点での最新バージョンは、2023 年 9 月 9 日にリリースされた「8.4.1」です。このバージョンには、SeaDAS 用に修正された「ESA SNAP (ver. Sentinel-3) ツールボックス（ver.1.4.1）」が含まれています。

　対象としているセンサー名は、フルサポートしているものとして「Aquarius」「CZCS」「GOCI」「Hawkeye」「HICO」「MERIS」「MODIS」「MOS」「MSI」「OCM」「OCM-2」「OCTS」「OLCI」「OLI」「OSMI」「SeaWiFS」「VIIRS」が挙げられます。

　衛星データは、衛星センサーが撮影したオリジナル画像の段階では単なる海からの電磁放射の画像です。これを図 8-1 で示すように段階的に処理することで、地図と同一の位置情報を持った水温やクロロフィル a などの一般的な物理量の画像になります。

　海色衛星データの処理では、最初に大気補正という処理をすることで、海の色やクロロフィル a といった一般的な物理量の画像を導出します。衛星センサーが撮影した海や陸の画像には、海や陸の情報と一緒にその上空の大気の情報も含まれています。海の衛星 RS では海からの情報を得るために、この大気の情報を除去する必要があり、これを大気補正や水蒸気量補正といいます。さらに幾何補正という処理をすることで地図と同一の画像に変換します。

　大気補正や幾何補正は、衛星センサーごとに固有の処理となります。このような解析は、主に衛星データを処理するアルゴリズムの開発をするユーザーが行うもので、衛星データを閲覧したり地図と重ね合わせたりするのが目的のユーザーは、あらかじめこのような処理が終了したデータを入手して活用するほうが簡単です。

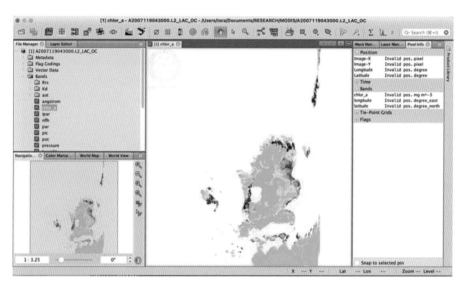

（図 8-2）SeaDAS での画像表示例

　図 8-2 に SeaDAS での画像表示例を示します。SeaDAS では海色データの大気補正などの高度処理も行うことが可能ですが、NASA 以外の開発した衛星センサーに関しては、必ずしも開発元の宇宙機関のプロダクトとまったく同一の処理でない可能性があることは注意が必要です。

## (2) SNAP

　「SNAP」（Sentinels Application Toolbox）は、ESA が開発した衛星データの表示・解析のためのフリーソフトウェアパッケージです。このソフトウェアは Sentinel プロジェクトの衛星センサー群（Sentinel-1, 2, 3, SMOS, PROBA-V）を主な対象としています。

　主対象のひとつとなっている Sentinel-1 は合成開口レーダー（SAR）データですが、「ALOS/PALSAR」や「ALOS-2/PALSAR-2」などといった日本の SAR データも SNAP は読み込み可能で、加えて、「ALOS/AVNIR-2」「ALOS/PRISM」「IKONOS, WorldView」などの高解像度可視センサーが取得したデータなど多くの衛星センサーのデータも読み込みが可能となっています。SNAP のダウンロード先は、以下のとおりです（http://step.esa.int/main/download/snap-download/）。図 8-3 に SNAP での画像表示例を示します。

　なお、先に紹介した「SeaDAS」と SNAP の操作方法には共通の部分も多くあり

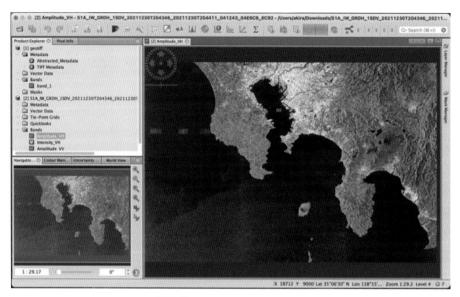

図 8-3　SNAP での画像表示例
各種補正をする前のデータなので左右が反転している

ます。これは、SeaDAS がバージョン 6 から 7 へのアップデート時に、SNAP の前
身のソフトウェアである BEAM を取り込んだためです。SeaDAS と SNAP ともに現
在もバージョンアップが続けられています。おおむね、SeaDAS は NASA、NOAA、
USGS といった米国の衛星データを処理するときに、SNAP は ESA の衛星データを
処理するときに利用するとよいでしょう。

## 8-2　GIS ソフトウェア

　衛星データを活用した海の研究や技術開発では、衛星データと船舶やブイで観測さ
れた現場データなどを複合的に利用して解析するユーザーは多く、その場合は 8-1 節
で説明した衛星データ解析ソフトウェアよりも「地理情報システム」(GIS)ソフトウェ
アを利用した方が衛星データを扱いやすいといえます。

　GIS は地図などのベースデータや衛星画像やドローン画像のような画像データ（ラ
スタデータ）に、調査船の観測したピンポイントの位置情報を持ったデータ（ベクト
ルデータ）などを重ね合わせて、複合的なデータ解析を可能にするシステムです。有
料・無料で多くのソフトウェアがあり、有料では ESRI 社の「ArcGIS [1]」が草分け

的存在のソフトウェアで、非常に高機能な GIS となっています。

　しかし最近では無料のソフトウェアでも有料の GIS ソフトウェアと遜色ない機能を有するようになってきました。

　ここでは、無料の GIS ソフトウェアとして利用者が多い「QGIS」とブラウザ上で動く GIS である「Web GIS」について簡単に紹介します。

## （1）QGIS

　無料の GIS ソフトウェアの代表例が「QGIS」[2] です。ほとんどの GIS ソフトウェアでは、衛星データの取り込みは比較的容易ですが、あらかじめ衛星画像に地図投影法、楕円体、画素の緯度経度情報などの地理情報が付加されていることが前提となっています。この情報がないと、衛星画像に対して緯度経度線を引くこともできません。

　QGIS では、地理情報をあらかじめ持ったフォーマット（NetCDF や Geotiff など）の衛星データは、ドラッグアンドドロップで簡単に表示することができます。地図投影などの幾何補正されていないデータの場合はプラグインなどを導入して地理情報を与える必要があります。

　また植生インデックス（NDVI）の導出など一般的な衛星データ処理とは異なる、8-1 節で説明した大気補正など専門的な衛星データ処理の機能については、ほとんどの場合 GIS ソフトには実装されていないため、前節で説明した衛星データ解析ソフ

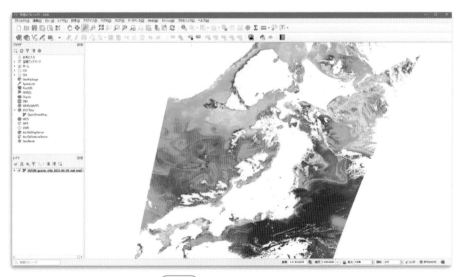

図 8-4　QSIS での画像表示例

トを併用することが必要になる場合があります。

　図 8-4 は、QGIS で JAXA の「GCOM-C/SGLI」のクロロフィル a 画像を表示した例です。衛星画像を可視化する場合、色のつけかた（カラーテーブルの調整）は見やすくする意味でも、見たい対象を強調する意味でも重要です。一般的に海洋では、可視光のスペクトルに対応させた色を設定すると見やすくなります。たとえば海面水温画像では、冷たい水は寒色の青系、温かい水は暖色の赤系に調整します。QGIS では、これらの配色も直感的に調整することができます。また、海を中心に見せたい場合や解析したい場合、陸地はグレーなどでマスク処理（単一の色で塗りつぶす）すると見やすくなります。

　QGIS では、陸域を単色でマスクする、緯度経度線を表示するといった操作がメニューを選ぶだけで簡単に可能となっています。

## （2）Web GIS

　「QGIS」などは PC にインストールして使う GIS ですが、「Web GIS」はインストール不要でブラウザ向けにオンラインでサービスが提供される GIS です。これも無料で利用可能なサイトが多く存在します。「Google マップ」なども GIS といえますが、

図 8-5　地理院地図の表示例

図 8-5 に示す国土地理院が提供する「地理院地図」[3] はソフトウェアのインストール不要で簡単に比較的高機能の GIS を利用することができ、日本の Web GIS のベンチマークといえるサイトです。

　海を対象とした日本語の Web GIS サイトは少なく、海上保安庁が運用する「海しる」[4] などに限られます。最近は漁業者などのエンドユーザーがスマートフォンなどを使って情報収集するのが一般的になっており、スマートフォン向けの Web GIS や GIS 機能を有する携帯アプリのほうが PC 向けの Web GIS よりも有効である場合も多くみられるようになってきました。

　GIS ソフトウェアの多くは基本的に陸上 GIS 向けに作られており、海洋向けのものは非常に少ないのが現状です。一般的に二次元のデータである衛星データだけを扱う場合は大きな問題となりませんが、海洋を対象とする研究や技術開発では、どうしても水深方向に鉛直的なデータ解析や可視化が必要となります。CTD（塩分・水温・水深計）などの現場観測データや海洋数値モデルのデータは三次元での可視化や解析が必須で、現在の無料の GIS ソフトウェアではこの機能がまだ十分とはいえず、今後のソフトウェアの高機能化が期待されます。

## 8-3　汎用プログラミング言語

　衛星画像は XY（経度・緯度）に画素値が格納された 2 次元配列データとみることもできることから、衛星データの解析は、汎用的な数値計算ソフトウェアやプログラミング言語でも可能です。一般的に衛星データの解析では、

① 　衛星データの読み込み
② 　アルゴリズムの適用等の空間画像解析
③ 　統計解析、空間分布等の図化

が一連の流れです。行列演算や可視化が簡易であるソフトウェアであれば一連の解析を行いやすくなります。衛星データの解析に有効で、汎用的かつ無料のソフトウェアの一例として、「Python」「Octave」「R」などが挙げられますが、ここでは特にPython、Octave を取り上げて簡単に説明しましょう。

## （1） Python

　最近、衛星データの解析など、多くのユーザーに利用されているのが「Python」[5]です。衛星データ解析を独学で学ぶ場合には、ウェブサイトから Python で記述された衛星データ解析のサンプルプログラムなどをダウンロードしたり、ユーザーコミュニティからさまざまな情報を得られやすかったりする点でもメリットがあります。

　また、後述の日本発の衛星データプラットフォームである「Tellus」が Python を使用した衛星データ解析のためのプログラミングを学習する e ラーニング講座を開講しており、このような学習コースを利用することも初心者には有効であると考えられます [4]。同様に前述した「SeaDAS」や「QGIS」も Python と組み合わせて利用することが可能です。


## （2） Octave

　汎用プログラミング言語として、最近では前述した「Python」が有名ですが、Python が普及する以前は、「Octave」[6] もよく使われてきました。Octave は有料の数値計算ソフトウェアである「MATLAB」と極めてよく似たプログラミング言語であり、「Scilab」などとともに「MATLAB クローン」などともよばれています。

　Octave が Python と大きく異なる点のひとつとして、まず Python の配列のインデックスは 0 で始まるのに対して、Octave のインデックスは 1 で始まるということが挙げられます。このようなことは一見些細なことのように思われますが、古くから

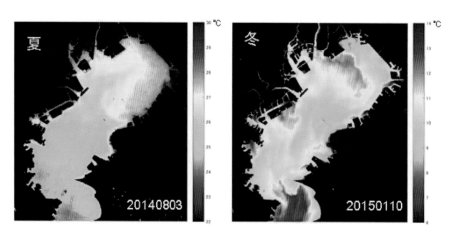

（図 8-6）Octave により作成された東京湾の水温図例

MATLABやOctaveに親しんだ人にとっては、使い分けにかなり混乱します。

　また、コードの記述法にもやや違いがあり、Pythonでは最初に数値計算やグラフ描画をするために必要な基本ライブラリー（別プログラムの塊）を呼び出さないといけないのに対して、Octaveはあらかじめこの基本ライブラリーが内蔵されているような形をとりますので、非常にシンプルなプログラムになります。

　大学の教育現場などでは、「PythonとOctaveでどちらがよいか」という話題にしばしばなりますが、結論としてはより親しんだ言語を使う、あるいはその言語が得意な処理（たとえば、AIならPythonを使うなど）を使い分けるのがよさそうです。

　図8-6にOctaveにより作成された東京湾の水温図例を示します。

# 8-4　衛星データプラットフォーム

## （1）Google Earth Engine

　「Google Earth Engine」（GEE）は、Googleが開発した衛星データと処理システムが一体となった新しいクラウドプラットフォームです。非営利目的であれば無料で利用が可能です[7-9]。

　GEEでは、多くの衛星データ（Landsat、MODIS、Sentinel、GCOM-Cなど）や関連する他のデータセット（ECMWFの気象モデルやHyCOMの海洋モデルなど）がすでにシステムに収納されている[10]だけでなく、GEEに収納されていないデータや自分で作成したデータセットなどを自分のアカウントに収納してGEE内で使用することも可能です。

　開発環境の基本は、「Code Editor」[11]で編集できるJavaスクリプトで、GEE用のコマンドが多数用意されています。Code EditorはGoogle（Gmail）アカウントを取得することによって利用することが可能です。

　GEEで開発したアプリは、ウェブ上で公開することが可能で、1-2節で述べたNOWPAPで開発した富栄養化のモニタリングシステム「Global Eutrophication Watch」[12]もこのGEEを利用しています。また、別にGEE用のモジュールをインストールすれば、「Google Colabo」[13]や自分のパソコンなどにインストールされている「Python」からGEEにアクセスし、データを解析することも可能です。「Earth Engine Explore」[14]は、GEEのデータセットを簡易的に表示するツールです。

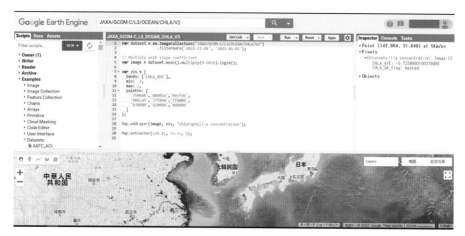

図 8-7　GEE での画像表示例

Code Editer での表示手順は以下のとおりです。

① 　Code Editor を開始すると、4 つのウィンドウが開く。

② 　左メニュー「Scripts」の Examples には、衛星データを読み込み、処理するコードの例が多くあるので、選択する。

③ 　選択すると中央画面にコードが表示され、これを Run するだけで、さまざまな画像が下の地図上に出力される。

④ 　たとえば、Scripts の検索画面に GCOM-C と入れて、Datasets から「JAXA_GCOM-C_L3_OCEAN_CHLA_V3」を選択して Run すると、「しきさい」のバージョン 3 の全球クロロフィル a データが表示される（図 8-7）。

　JAXA の「しきさいポータル」の「GEE 実証試験」[16] では、GCOM-C で取得された日本周辺の 250m 解像度データを Code Editor で表示する方法が説明されています[18]。海洋に関するものは多くありませんが、一般的な GEE に関する情報はネット上に多く出ています。日本語では山本ら[17] が比較的わかりやすいものになっています。また YouTube でも，さまざまな GEE に関連する動画がアップされています。

## ⑵ Tellus

　「Tellus」（テルース）とは、衛星データを利用した新たなビジネスマーケットの創出を目的とする、日本発のクラウド環境で分析ができるオープン＆フリーなプラットフォームです。さくらインターネット株式会社が経済産業省の「平成 30 年度　政府衛星デー

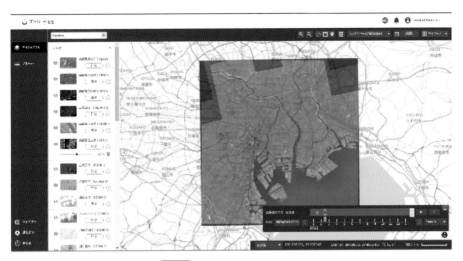

図 8-8 Tellus での画像表示例

タのオープン＆フリー化及びデータ利活用促進事業」を受託し、開発を行っています[18]。

　Tellus は、学習からビジネスまで一気通貫で提供するプラットフォームであり、その機能は 6 つの要素で構成されています。メディア、広報、データコンテストなどのサポート機能をはじめ、メインとなるコンピューティングパワー（演算能力）には、随時増強できるクラウド環境において CPU、GPU、メモリを提供しています。

　また 5PB を超えるデータを保存するためのストレージを備えています。ストレージには、JAXA の ALOS、ALOS-2 をはじめとした政府系衛星データや「ASNARO-1」「ASNARO-2」など国内外の商業衛星のデータ、また地図や統計データ等の地上データも搭載されています。

　Tellus のオペレーティングシステム（Tellus OS）[19] を利用すると、Tellus に搭載されるデータの可視化、解析、分析をよりスムーズに行うことができます。ブラウザに表示された地図上に、衛星データや地上データを直感的な操作でマッピングすることで、時系列情報や地域ごとの特性などが可視化できます（図 8-8）。またより高度な解析、分析を行うため、統合開発環境（JupyterLab）も期間限定で無償提供されています（要申請）。

　このように、Tellus は衛星データやツールの提供、アプリケーションなどの開発環境、衛星データ活用のためのトレーニングおよび衛星データコンテストなどの教育コンテンツ、さらに、衛星データを活用するための情報を提供するオウンドメディアという機能を備えた、次世代の一体型衛星データシステムといえます。

## ■■コラム②：有料ソフトウェアの実態■■

　本章では、主にフリーのソフトウェアを紹介してきました。しかし、読者のなかには、有料であっても高度な解析ができるリモートセンシング（RS）ソフトウェアを知りたい、または購入したい人もいるでしょう。ここでは、その実態を少し紹介しておきます。

　衛星 RS の分野でよく使われている「ERDAS IMAGINE」[20] や「ENVI」[21] などに代表される有料 RS ソフトウェアの価格は数十万円～数百万円程度です。また、RS ソフトウェアは、主に GIS 主体のものと、画像処理主体のものに分かれます。

　一方、教育や研究で広く使われる「ArcGIS」[1] や「Mapinfo Pro」[22] は GIS 主体で、画像情報よりも線やポリゴン情報（多角形の図形）の扱いに長けています。

　有料のソフトウェアでは複雑な衛星データの読み込みや画像処理（幾何補正や分類処理など）や豊富なデータ出力が容易であることが、フリーのソフトウェアと決定的に異なるところです。このように有料の RS ソフトウェアは極めて高額であっても、素早く衛星データを解析して、美しい画像を出力できる利点があるため、根強い人気があります。

## 【参考文献】

[1] ESRI, Arc GIS, https://www.esrij.com/products/arcgis/, (Accessed 2023.12.10)

[2] QGIS Development Team, QGIS, https://qgis.org/ja/site/, (Accessed 2023.12.10)

[3] 国土地理院，地理院地図，https://maps.gsi.go.jp/，（Accessed 2023.12.10）

[4] 海上保安庁 海洋情報部，海しる，
https://www.msil.go.jp/msil/htm/topwindow.html（Accessed 2023.12.10）

[5] Python Software Foundation, Python, https://www.python.org/, (Accessed 2023.12.10)

[6] John W. Eaton: GNU Octave, https://octave.org/, (Accessed 2023.12.10)

[7] Google, Google Earth Engine, https://earthengine.google.com/, (Accessed 2023.12.10)

[8] Google, Introduction to Google Earth Engine, https://newsinitiative.withgoogle.com/ja-jp/resources/
lessons/introduction-to-google-earth-engine/, (Accessed 2023.12.10)

[9] Google, Welcome to Google Earth Engine, https://developers.google.com/earth-engine, (Accessed
2023.12.10)

[10] Google, Earth Engine Data Catalog, https://developers.google.com/earth-engine/datasets,
(Accessed 2023.12.10)

[11] Google, code editor, https://code.earthengine.google.com/, (Accessed 2023.12.10)

[12] https://code.earthengine.google.com/register

[13] https://eutrophicationwatch.users.earthengine.app, (Accessed 2023.12.10)

[14] Google, Google Colab, https://colab.research.google.com/, (Accessed 2023.12.10)

［15］Google, Google Earth Engine Explore,
https://www.google.com/intl/ja_ALL/earth/outreach/learn/introduction-to-google-earth-engine/,
（Accessed 2023.12.10）

［16］JAXA EORC, しきさいポータル GEE 技術実証, https://shikisai.jaxa.jp/GEE/, （Accessed
2023.12.10）

［17］山本雄平, 小菅生文音, 市井和仁：Google Earth Engine による MODIS データの解析　VL 講習
会〜 Google Earth Engine 篇〜, 千葉大学環境リモートセンシング研究センター, https://ceres.
chiba-u.jp/vl_lecture/, （Accessed 2023.12.10）

［18］さくらインターネット, Tellus, https://www.tellusxdp.com/, （Accessed 2023.3.20）

［19］https://www.tellusxdp.com/ja/browser-tool/

［20］HEXAGON, ERDAS IMAGINE,https://www.hexagongeospatial.com/ja-jp/products/power-portfolio
/erdas-imagine,（Accessed 2023.12.10）

［21］NV5, ENVI,https://www.nv5geospatialsoftware.com/Solutions/ENVI-Ecosystem,（Accessed 2023.
12.10）

［22］Presicely, Mapinfo Pro.,https://ssl.japan.mapinfo.com/location/products/software/software_1_8.php,
（Accessed 2023.3.20）

# 第9章　衛星データ検証のための現地データ取得法

　NASA や JAXA などの宇宙機関では、現地で測器などによって直接観測されたデータを使って衛星データを補正し、それをウェブサイトなどで公開するという作業が行われています。しかし陸と違って広い海の中での現地調査自体は容易ではありません。そこで海の衛星データを検証しやすくするために、世界的な現地データのデータベースが作られています。

　前章までに説明してきたとおり、海を観測する衛星データを処理するうえでは、大気補正などの処理が必要不可欠です。このため、海の情報に加えて、大気の情報が重要となっています。本章では、海の衛星データ補正をする場合に必要なエアロゾル観測ネットワークである「AERONET-OC」、海の実測光学観測・水質データセットである「SeaBASS」、世界的な水温・塩分・波浪観測ネットワーク「NOAA ブイ／アルゴフロート」、さらに船の位置や動きを知るためのデータを集約した「Global Fishing Watch」の概要を簡単に説明します。そして、最後に実際に筆者らが東京湾で行っている現地調査事例を紹介します。

## 9-1　AERONET-OC

　「エアロゾル・ロボティック・ネットワーク」（AERONET：Aerosol Robotic Network）[1] は、NASA のプロジェクトの一環として自律型サンフォトメーターを世界中に設置し、大気のパラメータを取得することによって、大気の研究に貢献しています。これをさらに海洋パラメータに拡張し、海の研究に貢献しようとした実測観測システムを「AERONET-OC」（AERONET-Ocean Color）とよびます。

　AERONET-OC では、2023 年 12 月現在、図 9-1 に示すように世界では約 40 地点（日本と韓国での観測地点情報を表 9-1 に示す）において、改良型の自律型サンフォトメーターを灯台、海洋観測やぐらなどの沖合のプラットフォームに設置し、エアロゾルの光学的厚さに加えて正規化海水射出放射輝度とよばれる上向きの放射光を測定してい

ます。この改良型の自律型サンフォトメーターは、
対象の視野角と方位角において 400nm ～ 1,020nm
の波長範囲のなかから 8 ～ 9 つの中心波長におい
て大気と海を複数回測定します。

　測定された生データの一例として図 9-2 に示す
ような分光データが得られます。得られるデータ
から、エアロゾル光学的厚さ、正規化海水射出放
射輝度に加え、エアロゾル単一散乱アルベド、複
素屈折率、オングストローム指数、体積粒径分布
が得られます。

　また、測定結果は、データクオリティごとに
Level 別で公開されており、最終的にはスクリー二
ングおよび最終校正を経てデータクオリティが保

自律型サンフォトメーター

証された Level 2.0 が公開されます。日本においては、有明海と東京湾の湾奥部にお
いて AERONET-OC のシステムが稼働しており、陸部に近い高濁度水域における大
気と水中の光学観測データが取得されています。

図 9-1　AERONET-OC のトップページ
（出典：https://aeronet.gsfc.nasa.gov/new_web/ocean_color.html）

表 9-1 日本と韓国における AERONET-OC の測点情報

| 地　名 | 国 | 緯　度 | 経　度 |
|---|---|---|---|
| 有明海 | 日本 | 33.1N | 130.3E |
| 検見川沖（東京湾） | 日本 | 35.6N | 140.0E |
| Leodo | 韓国 | 32.1N | 125.2E |
| Gageocho | 韓国 | 33.9N | 124.6E |
| Socheongcho | 韓国 | 37.4N | 124.7E |

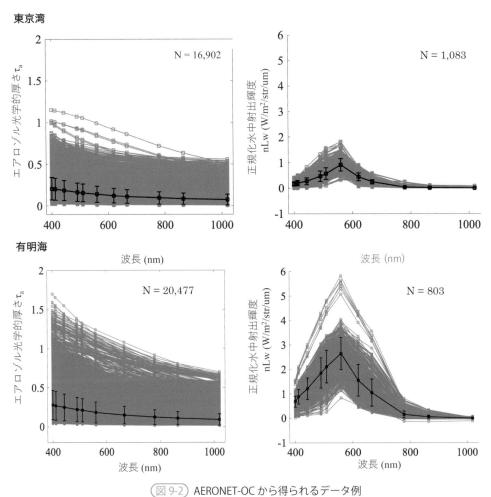

図 9-2 AERONET-OC から得られるデータ例
東京湾と有明海のエアロゾル光学的厚さと正規化水中射出輝度の結果（筆者作成）

　実際にこのデータを利用する際は、使用前に電子メールで主任研究者に連絡することになっていますが、基本的には無料で利用することができます。

## 9-2 SeaBASS

「SeaBASS」[2] とは、SeaWiFS Bio-optical Archive and Storage System を略したものです。NASA が運営している世界的な海色リモートセンシング（RS）と関連する海洋観測データのデータベースです（図 9-3 参照）。

SeaBASS は「SeaWiFS」（Sea-viewing Wide Field-of-view Sensor）データを活用して海色関連のさまざまなアルゴリズム開発や検証を目的としたデータベースです。ここで SeaWiFS とは、1997 年に打ち上げられ 2010 年まで稼働した海色衛星センサーの名称です。

これまで SeaBASS は、当初、アルゴリズムの校正や検証を目的として、海洋の光学観測や植物プランクトンの色素データなどのデータをカタログ化していましたが、その後、海洋だけでなく、大気データも含む形に拡張されました。データベースには、海水固有の光学的特性（海水中のさまざまな吸収係数や後方散乱係数）、植物プランクトンの色素濃度、水温、塩分、励起蛍光、エアロゾル光学的厚さなどの海洋の RS

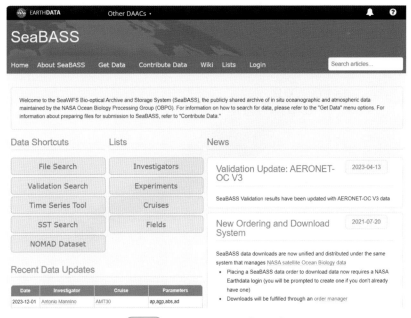

（図 9-3）SeaBASS のトップページ

（出典：https://seabass.gsfc.nasa.gov/）

と関連するデータが含まれています。

　このデータベースはほとんど更新されていませんが、海色プロダクトのアルゴリズム開発・検証によく利用されています。衛星データの検証用データの検索は、検索期間、対象海域、キーワード、プロダクトなどを設定して行います。検索されたデータはダウンロードできます。ダウンロードしたデータは拡張子「.sb」となっていますが、

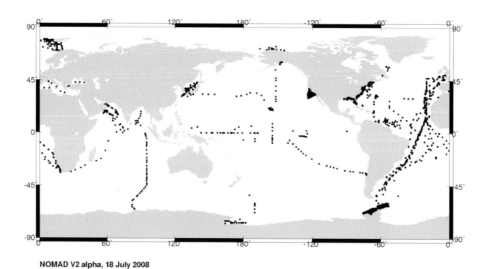

NOMAD V2 alpha, 18 July 2008

図 9-4　NOMAD（NASA bio-Optical Marine Algorithm Dataset：NASA による海洋の現場光学データセット）の測点（出典　https://seabass.gsfc.nasa.gov/wiki/NOMAD/nomad_seabass_v2.a_2008200_map.png）

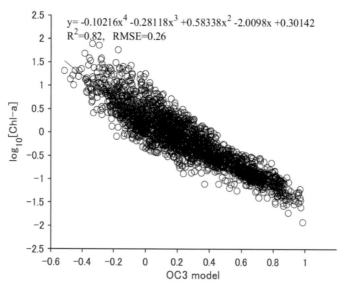

$$y= -0.10216x^4 -0.28118x^3 +0.58338x^2 -2.0098x +0.30142$$
$$R^2=0.82, \quad RMSE=0.26$$

図 9-5　SeaBASS を使った衛星クロロフィル a（Chl-a）モデル（OC3）の検証例
（高澤ほか、2022）

中身はテキスト形式です。

　図9-5にこのデータを使った解析例を示します。「.sb」データを読み出すためのソフトウェア「MATLAB」、「Python」Perl版や「NetCDF」などへの変換ツールで読むことができます。また、NASAの海洋生物（OB：Ocean Biology）データベースである「OB.DAAC」（https://www.earthdata.nasa.gov/eosdis/daacs/obdaac）とのマッチアップツールなども用意されています。

　実際にこのデータを利用する際は、ユーザー登録と利用許諾ユーザー登録をすれば、基本的には無料で利用することができます。以下の「Earthdata」によるユーザー登録サイトで登録を行うと公開されているすべてのデータの取得が可能となります。新規ユーザー登録の詳細は、ウェブユーザー登録サイト（https://urs.earthdata.nasa.gov/users/new）を参照してください。なお、データ使用許諾とデータ使用の条件は、データが収集されてから3年以内の場合、データ提供者とコンタクトし、提出前の論文のコピーを提供して意見を聞く必要があり、かつ、データDOI（デジタルオブジェクト識別子）の引用などをする必要があります。

**9-3　NOAA ブイ／アルゴフロート**

　「NOAA ブイ」とは、米国海洋大気庁（NOAA）が中心となって展開している観測ブイ[3] のことで、図9-6左に示すように世界で約1,300機あります。ここでいう「ブ

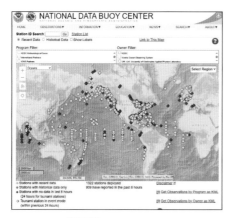

（図9-6）NOAA NDBC（左）と気象庁アルゴ計画（右）のトップページ
（出典：左：https://www.ndbc.noaa.gov/　右：https://www.data.jma.go.jp/gmd/argo/data/indexJ.html）

イ（Buoy）」とは観測機器が取りつけられた海の気象（海象）の定点観測をする機器のことです。

このうち日本周辺では、KEO（Kuroshio Extension Observatory）とよばれるブイのほか、津波警戒用の数機のブイもあります。ちなみに日本の気象庁が日本周辺の海に投じている漂流式の観測ブイも数機あります。

しかし地上の天気予報に使われる気象庁の気象観測システム「アメダス」（AMeDAS：Automated Meteorological Data Acquisition System）の約1,300機（日本国内のみ）と比べると、圧倒的に少ない状況です。これには、ブイが船の航行や漁業の邪魔になったり、機器のメンテナンスが難しかったりするなどの理由があります。

このような設置の困難さはありますが、ブイは短時間ごとの環境変化を正確に捉えることができるため、海の環境を知るうえで、あるいは衛星観測値の検証データとして、非常に貴重なデータになっています。

一方、最近はアルゴフロート（全世界中層フロート観測網、A Global Array for Temperature/Salinity Profiling Floats）[4] とよばれる新しい観測システムが誕生し、図9-6右に示すように世界の海の状態をかなり高密度で観測できるようになってきています。

このようにブイを使った観測が密になってきているといっても、観測ブイでは把握が難しい面的に測る技術としてのリモートセンシングは貴重であり、ブイと衛星データの融合は海洋観測では欠かせないツールとなっています。

実際にこのデータを利用する際は、基本的には無料で利用することができますが、詳細はそれぞれのウェブサイトの利用許諾についての方針に従うことになります。

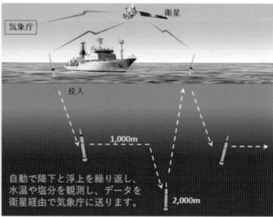

図9-7 アルゴフロートによる観測（出典：気象庁）

# 9-4 Global Fishing Watch

　SDGs の 14 番目「海の豊かさを守ろう」は、海と魚などの資源を未来も利用できるように保全し、乱獲などにならないように利用することを目指しています。具体的には海洋汚染防止、海洋生態系の回復などが挙げられています。

　このなかでは 14.4 および 14.6 で「違法・無報告・無規制（IUU）漁業」について記述しています。未来まで安定的に水産資源を利用するには、資源状態の把握と、適正な管理が必要です。IUU 漁業はこれを強く阻害するもので、世界的に、また日本周辺海域でも近年大きな問題となっています[5]。

　「Global Fishing Watch」[6] は、2016 年に Google が Oceana と、SkyTruth と提携して立ち上げたウェブサイトで、船舶が衝突防止に設置している自動船舶識別装置（AIS）のうち、全世界の AIS 搭載漁船の分布情報などを配信しています。AIS とは、船舶の識別符号、種類、位置、針路、速力、航行状態およびその他の安全に関する情報を自動的に VHF 帯電波で送受信し、船舶局相互間および船舶局と陸上局の航行援助施設などとの間で情報の交換を行うシステムです。この電波は直進性が強く、水平

漁業取締の様子（出典：水産庁）

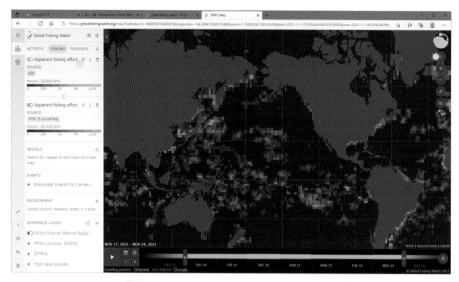

（図 9-8） Global Fishing Watch のトップページ

（出典：https://globalfishingwatch.org/）

線の先で受信することはできませんが、上空を飛ぶ人工衛星で受信することができます。複数の衛星で AIS を受信するインフラをカナダの exactEarth 社などが整備しました。

　Global Fishing Watch を使用すると、全世界の漁業活動をモニタリングすることができます。船の情報を取得することも可能で、監視などに活用することも可能となっています。図 9-8 は Global Fishing Watch の画面例です。

## 9-5　海の衛星データ検証のための現地調査事例

### （1）海における分光反射率調査法

　海の衛星光学センサーデータを扱うときに、最初に確かめたいことのひとつに、「利用しようとする衛星データの反射率が、果たして現地で実測した値と一致するか」という点があります。そのような際は、衛星が撮影する時刻と同期して（実際には±1〜2時間程度の範囲）調査船から分光放射計という機器を使って分光反射率を測定することになります。

　図 9-9 に実際に東京湾において船から反射率を測定している様子を示します。測定

太陽からの入射光の測定

水中からの放射光の測定

（図 9-9）東京湾における海水の反射率測定の様子

に使用している分光放射計は TriOS 社の「RAMSES」とよばれる機器です。この図の左側の写真が太陽からの下向きの入射光（赤矢印）の測定で、右側の写真が水中から放射される上向きの放射光の測定（青矢印）です。反射率とは簡単にいいますと「入射光に対する水中で反射された光の比率」のことなので、実際には波長ごとの「青矢印／赤矢印」の光量比が計算されることになります。

海の光学センサーの検証に使われる波長は 350 〜 1,000nm 程度（可視光線よりやや短い波長の近紫外線〜やや長い波長の近赤外線の範囲）です。ちなみに、右の写真に 2 種類の分光放射計が写っていますが、これは求めたい水質情報と関係しない放射計自体の影の影響を除去するデータを取得するための工夫です。ただし、実際には分光放射計は大変高価（同種の機器は 1 本あたり数百万円）ですので、1 本で交互に測定したり、角度を変えて測定したりすることによって水面光の影響を評価するなど、目的や予算によって簡易測定されることも多いのです。

## （2）海における分光反射率と水質の比較法

海の衛星データを扱う際に研究者は最初に「衛星データから得られる反射率と実測反射率が一致するのか」という素朴な疑問を抱きます。また、実測相当の衛星データの反射率が得られたとして、「そもそも自分が調べたい水域において実測した反射率から水質測定が可能なのか」という疑問があります。

このような疑問を解決するために、海のリモートセンシング研究者たちは、調査

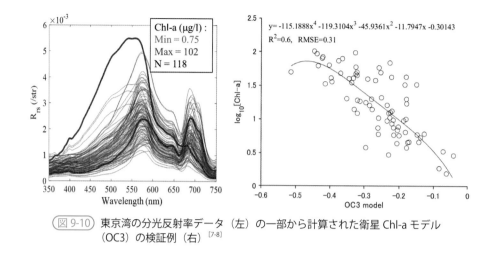

図 9-10　東京湾の分光反射率データ（左）の一部から計算された衛星 Chl-a モデル
（OC3）の検証例（右）[7-8]

船から得られた分光反射率データと同時に得られた水質（ここではクロロフィル a ／
Chl-a を対象とします）データを使って、両者の関係を調べて水質推定式を作ったり、
推定式の精度を検証したりしています。

　実測には水中の植物プランクトンの蛍光から Chl-a を直接測定する法もあります
が、実験室での測定法と比べて一般に精度が低くなります。そこで、各国の宇宙機関
で衛星 Chl-a プロダクトを作成するときには、採水された水サンプルを実験室に持ち
帰ってろ過し、残った植物プランクトン色素を蛍光分析して得た値を利用することが
多いです。このようにして得られた Chl-a はすべての植物プランクトンに共通した
色素で、青色の光（440 ～ 490nm 程度）をよく吸収し、緑色（500 ～ 550nm 程度）
の光はほとんど吸収しない性質があります。

　このような性質を利用して、海の Chl-a は、基本「青色光と緑色光の比率」が
Chl-a 測定の基本となっています。ただし、陸に近い沿岸域では陸から流出した有色
溶存有機物（CDOM）による青色光の吸収も大きいので、基本手法による Chl-a 推
定精度が悪いという問題があります。そこで、沿岸域では青色の次に Chl-a の吸収が
大きい赤色光（660 ～ 680nm 付近）と植物プランクトンによる反射の大きい近赤外
光（700 ～ 720nm 付近）の比率を使った方法などがよく用いられています。

　図 9-10 に実際に東京湾において船から取得された分光反射率データ（左図）と、
その一部から計算された衛星 Chl-a モデル（OC3 モデルと呼ばれる NASA の標準的
な 3 バンドを使った Chl-a 推定モデル）と Chl-a（常用対数値）との相関解析例（右
図）を示します。

## 【参考文献】

[1] NASA, AERONET OCEAN COLOR, https://aeronet.gsfc.nasa.gov/new_web/ocean_color.html, (Accessed 2023.12.10)

[2] NASA, SeaBASS, https://seabass.gsfc.nasa.gov/, (Accessed 2023.12.10)

[3] NOAA, National Buoy Data Center, https://www.ndbc.noaa.gov/, (Accessed 2023.12.10)

[4] 国立研究開発法人海洋研究開発機構，全球海洋観測システム「アルゴ」で明らかになった海洋の変化，http://www.jamstec.go.jp/j/about/press_release/20160129/，（Accessed 2023.12.10）

[5] Oozeki Y. et al.: Reliable estimation of IUU fishing catch amounts in the northwestern Pacific adjacent to the Japanese EEZ: Potential for usage of satellite remote sensing images. Marine Policy 88, 2018, pp. 64-74.

[6] Global Fishing Watch, https://globalfishingwatch.org/, (Accessed 2023.12.10)

[7] 比嘉紘士ほか：海色リモートセンシングの水質推定手法統一化に向けた沿岸域・湖沼の光環境特性の解明，日本水環境学会年会講演集（日本水環境学会年会講演要旨集），52巻，436p，2018.

[8] 髙澤薫平，作野裕司，比嘉紘士：SeaBASSと東京湾実測反射率データを使った沿岸クロロフィル推定モデルの検証，第73回日本リモートセンシング学会学術講演会論文集，2022，pp.145-146.

# 終 章

# 今後の課題・展望
## －あとがきにかえて

　本書では、第1章〜第6章を「第1部　海洋政策と海の衛星リモートセンシングの概要」としてまとめました。具体的には、第1章〜第4章が「衛星データ利用が期待される海の分野と課題カテゴリー」の各項目（環境、水産、資源・エネルギー、災害・国土管理）についての詳しい解説です。

　第5章は「海の衛星リモートセンシングセンサー」で、センサーについての解説です。さらに、第6章では、これらの解説内容をふまえて、「海洋政策と海の衛星リモートセンシング」についての概要を説明しました。

　また、第7章〜第9章を「第2部　海の衛星リモートセンシングのデータ活用」としてまとめました。具体的には、「データ入手・活用方法・現地調査方法」について詳しく解説しました。本章では、本書をまとめ終えた雑感と今後の課題・展望について解説します。

## 執筆後雑感

　本書を書き終え、まず改めて近年の衛星センサーによる海洋観測が日進月歩であり、専門家である我々も知らないセンサーがたくさんあることに驚かされました。

気象衛星「ひまわり」
（出典：気象庁）

　一方でこのようなさまざまな衛星センサーがあるにもかかわらず、海洋計測の分野では高解像度・高頻度を要する沿岸域用のセンサーは少なく、解析手法も確立していないというのが現状です。特に、沿岸域に使える海面水温・海色・海面高度のセンサーや解析手法の開発は重要となるでしょう。

　また、近年急速に発達している合成開口レーダー（SAR）の技術は、全

天候型かつ高解像度という可視域では実現できない強みを持っており、海洋観測における重要度はますます高まるでしょう。

さらに、資源・エネルギー分野、災害・国土管理分野における利用事例はまだ限定的で、持続的な社会への貢献や災害時の安全・安心といった観点から、その解析手法研究や事例研究を加速させる必要があると思われます。

## 衛星データの利用の観点からの課題と今後の展望

衛星データの利用という点では、改めて多くのポータルサイト（第7章）や応用システム（第8章）が稼働していることがわかりました。しかし、一方で、自治体職員や漁業者、学生、一般などのエンドユーザーからは「衛星データの取得や処理には非常に興味はあるが、難しくて敷居が高い」という話をいまだによく聞きます。この一見矛盾したような状況において、何が不足しているかと考えた場合、衛星データと応用分野を結びつける伝道師や教育が必要であることは、明白です。つまり、無料で使える衛星データやソフトウェアは十分あっても、そのデータを取得し、どう加工すれば自分の知りたい情報になるのかについて知る機会が極めて少ないことが問題です。したがって、関連のトレーニングやその教則本の出版、関連イベント（公開で行う衛星データ検証など）の開催などが具体的なアクションとして必要となります。

また、データセットやポータルサイト・システムにしても、まだまだ日本のユーザーに必要とされているものが十分に整備されているとはいえません。さらに可能であれば、「気象予報士」や「カラーコーディネーター」と同じような実務的・趣味的な資格、たとえば「衛星解析士（海洋環境）」の創設などが実現できれば、衛星データ利用者の拡大、ビジネス化の起爆剤になると思われます。

## 読者へのメッセージ

本書を執筆している期間においても、北海道沿岸の赤潮被害、海底火山（日本では西ノ島や福徳岡ノ場、世界ではトンガやインドネシアの火山島）噴火による軽石、噴煙、津波などの被害、そして2024年1月1日には能登半島地震による海岸の大規模隆起現象などが発生し、広域の海の環境変化を非接触で測定できる衛星データの必要性を実感しました。

また、2020年初頭から2023年春ごろまで続いた世界的なコロナ禍の状況において、

美しく豊かな海が続くように

非接触での計測技術は、ますます発展したと考えられます。このような状況下においてもなお、衛星データは万能ではありません。衛星データやそのソフトウェアは単なるツールであって、海の現象を解明したり、環境対策を練ったりするためには、これらのデータや処理を有効利用するとともに、第9章で解説したように、現地調査による検証も欠かせません。

よく、「衛星データを使うのに、現地データが必要というのは矛盾していませんか?」という質問を受けることがあります。しかし、天気予報を見てておわかりのように、気象衛星も使えば、アメダスのような現地観測データも使います。

さらに地上設置型のレーダーや気温などの鉛直分布を測るためのバルーン（風船）など、ありとあらゆる計測方法を駆使して、はじめて天気予報が成り立っています。海の観測も同じで、衛星観測と現地調査などを融合させてこそ、海の現象解析に近づくのです。

ちょうどコロナが収束傾向にある今日、またAI（人工知能）や5Gといった高速な通信・情報インフラが整ってきた好機に、是非この教科書を参考にして、各自が実施してみたい、あるいは活用してみたいデータ処理やシステムの閲覧に挑戦していただき、そして次世代の海の衛星に思いをはせていただくことを期待して、本書のまとめとします。

執筆者代表　作野　裕司

# ■執筆者略歴■

(順不同・敬称略、2024 年 3 月現在)

## 作野 裕司（さくの ゆうじ）

鳥取大学教育学部小学校教員養成課程卒業、島根大学大学院理学研究科地質学専攻修士課程修了、東京大学大学院工学系研究科地球システム工学専攻博士課程修了、2000 年 10 月広島大学工学部助手、2014 年 4 月より同大学准教授を経て、現在、同大学大学院先進理工系科学研究科准教授

## 斎藤 克弥（さいとう かつや）

東海大学海洋学部卒業、同大学院海洋研究科博士課程前期修了、北海道大学大学院水産科学博士課程後期修了、1990 年 10 月社団法人漁業情報サービスセンター入社、2020 年 4 月より一般社団法人漁業情報サービスセンターシステム企画部長

## 石坂 丞二（いしざか じょうじ）

筑波大学第二学群生物学類卒業、同大学院環境科学研究科修士課程修了、テキサス A&M 大学海洋学部博士課程修了、1989 年 4 月通商産業省工業技術院公害資源研究所研究員、同院資源環境技術総合研究所主任研究員、長崎大学水産学部教授、名古屋大学地球水循環研究センター教授を経て、現在、同大学宇宙地球環境研究所教授

## 虎谷 充浩（とらたに みつひろ）

東海大学海洋学部海洋工学科卒業、同大学院海洋学研究科海洋工学専攻博士課程前期修了、同大学院海洋学研究科海洋工学専攻博士課程後期満期退学、1992 年 4 月東海大学開発工学部助手、2011 年 4 月同大学工学部教授、2022 年同大学建築都市学部教授、同大学情報研究センター研究員

## 比嘉 紘士（ひが ひろと）

東京理科大学理工学部土木工学科卒業、東京大学大学院新領域創成科学研究科社会文化環境学専攻修士課程修了、同大学院新領域創成科学研究科社会文化環境学専攻博士課程修了、2015 年 4 月日本学術振興会特別研究員（PD）、2016 年 4 月横浜国立大学大学院都市イノベーション研究院助教、2022 年 4 月同大学准教授

向井田 明（むかいだ あきら）

1993年 RESTEC 入社後、JAXA 地球観測衛星、地球観測プラットフォーム技術衛星「みどり」および「みどり2号」、陸域観測技術衛星「だいち」などの運用、データ解析、地球観測衛星のデータ配布およびソリューション提供業務を担当。2023年合同会社 Oppofield を起業、現在に至る。

朱　夢瑶（しゅ　むよう）

上海海洋大学海洋科学学院卒業、東京海洋大学海洋科学技術研究科管理政策学専攻修士課程修了、東京大学農学生命科学研究科水圏生物科学専攻博士課程修了、2017年東京大学大気海洋研究所特任研究員を経て、現在、笹川平和財団海洋政策研究所研究員

吉武 宣之（よしたけ のぶゆき）

慶應義塾大学工学部卒業、1982年防衛庁技術研究本部入庁、東海大学大学院海洋学研究科海洋工学専攻博士課程前期修了、防衛装備庁艦艇装備研究所長を経て、現在、笹川平和財団海洋政策研究所特別研究員

田中 広太郎（たなか こうたろう）

京都大学農学部卒業、カタルーニャ工科大学（スペイン）派遣、京都大学大学院情報学研究科博士後期課程修了。現在、全国水産技術協会研究専門員ならびに笹川平和財団海洋政策研究所研究員

# ■和 文 索 引■

## 編者紹介

【編者】

**公益財団法人 笹川平和財団 海洋政策研究所**

Think, Do, and Innovate Tank として、海洋にまつわる諸問題の分野横断的視座からの把握、自然科学・社会科学・人文科学を統合したアプローチによる問題の分析、国際社会において政策決定者が参考としうる実現可能な政策としての提案、政策実現に向けた環境整備の実行などをミッションとして掲げている。将来の世代に健全な状態で海洋を引き継ぐために、政策研究の手法をもって、海洋に関するさまざまな問題解決に貢献している。

**海の衛星リモートセンシング入門**

定価はカバーに表示してあります。

2024 年 3 月 28 日　初版発行

| | |
|---|---|
| 編　者 | 公益財団法人 笹川平和財団 海洋政策研究所 |
| 発行者 | 小川 啓人 |
| 印　刷 | 株式会社 丸井工文社 |
| 製　本 | 東京美術紙工協業組合 |

**発行所 株式会社 成山堂書店**

〒160-0012　東京都新宿区南元町 4 番 51　成山堂ビル
TEL：03（3357）5861　　FAX：03（3357）5867
URL：https://www.seizando.co.jp

落丁・乱丁本はお取り換えいたしますので、小社営業チーム宛にお送りください。